努力、拼搏、积累才能遇见更好的未来

所有的努力
只为遇见更好的自己

石磊／著

要努力到感动自己
拼搏到身无余力
才会遇见更好的自己

不努力，永远不会有人对你公平。
只有你努力了，有了资源，有了话语权以后，
你才可能为自己争取公平的机会。
——俞敏洪

金盾出版社

内容提要

生活从来不会辜负每一个人的努力。从来到这个世界上开始，我们就在与命运做斗争，慢慢地你会发现，当你越努力时，你就会变得越幸运。所谓的挫折、失败、苦难并不可怕，可怕的是不敢面对。所有命运给予你的伤痛，终将会成为你人生的垫脚石，每一座历尽艰难爬上的山峰都是到达更高山峰的起点。

那么在今天，你就要努力到感动自己，拼搏到身无余力，才会遇见更好的自己。沿着人生的道路一直努力奔跑，总有一天，你会变成自己喜欢的样子，会拥有想要的美好生活。

图书在版编目(CIP)数据

所有的努力只为遇见更好的自己/石磊著．—北京：金盾出版社，2018.12

ISBN 978-7-5186-1497-4

Ⅰ.①所… Ⅱ.①石… Ⅲ.①成功心理－通俗读物 Ⅳ.①B848.4-49

中国版本图书馆CIP数据核字(2018)第263892号

金盾出版社出版、总发行

北京太平路5号(地铁万寿路站往南)

邮政编码:100036　电话:66886184

传真:68276683　网址:www.jdcbs.cn

印刷装订:三河市金轩印务有限公司

各地新华书店经销

开本:880×1230　1/32　印张:8　字数:185千字

2019年1月第1版第1次印刷

印数:1~5000册　定价:39.80元

前 言

爱拼才会赢，拼搏才能成就人生。你的未来不会在某个地方傻傻地等你，成功不会从天而降，它需要我们每天不断地努力、拼搏、积累。你要用双手拼出属于自己的世界、拼出属于自己的辉煌。路都是自己走出来的，只要不畏艰险、勇敢向前，那么在跨越一道道障碍后你会发现，生命越来越精彩，曾经的困难与挫折都化为动力，通向成功的彩虹桥。

生活会给予我们想要的一切，但许多人憧憬的那些美好不是说一说或是做一做就可以实现的，它需要我们比别人多付出百倍的努力、经受百般的折磨与考验。如果没有跨急流攀险峰的胆魄、没有全力以赴抵达理想彼岸的决心，遇到荆棘和坎坷就轻易退却，遭受泥泞和伤痛就选择放弃，那么无论我们拥有多么美好的憧憬都会变成幻想。想要美好的一生，你需要智慧，更需要勇气、努力和拼搏，才会使自己追求的梦想变为美好的现实。

努力，是为了不辜负那些曾经五光十色的梦想；拼搏，是为了以更快的速度接近我们心中的目标；奔跑，是为了提醒自己前方的路途还很漫长。跌倒了爬起来就好，受伤了休息后再出发。现在流的汗水，是为了证明我们没有空耗生命。现在那么拼命努力，是为了多年以后能够收获未来的美好。

生活从来都不会辜负每一个人的努力。从来到这个世界上开始，我们就在与命运作斗争，慢慢地你会发现，当你越努力时，你就会变得越幸运。所谓的挫折、失败、苦难并不可怕，可怕的是不敢直面。所有命运给予你的伤痛，终将会成为你人生的垫脚石，每一座历尽艰险爬上的山峰都是到达更高山峰的起点。

今天，你只有努力到感动自己、拼搏到身无余力，才会遇见更好的自己。沿着人生的道路一直努力奔跑，总有一天你会变成自己喜欢的样子，拥有想要的美好生活。

目录
CONTENTS

第一章

等来是失望，拼出来的才是成功

临渊羡鱼，不如退而结网。与其羡慕幻想，不如马上行动。有条件不做等于没有条件，没有条件可以在做的过程中创造条件。想法只有化作行动，才有达成愿望的可能，否则想法便永远是想法。想到了就去做，人的潜能是无法预测的。人生就是这样，再美好的梦想，离开了行动也会变成空想；再完美的计划，离开了行动也会失去意义。我们要实现自己的理想，就应当注重行动，在行动中追逐自己的梦想。

等待不如行动

临渊羡鱼，不如退而结网。与其羡慕幻想，不如马上行动。有条件不做等于没有条件，没有条件可以在做的过程中创造条件。想法只有化作行动，才有达成愿望的可能，否则想法永远都是想法。

想到了就去做，人的潜能是无法预测的。只要有了好的想法，然后立即行动，相信谁都可以成功，关键看你是否能将想法付诸行动、是否能走出空想的阶段。

从前有两个和尚，一个很有钱，每天过着舒舒服服的日子；另一个很穷，每天除了念经之外就到外面去化缘，日子过得非常清苦。

有一天，穷和尚对有钱的和尚说：“我很想去拜佛，求取佛经，你看如何?”

有钱的和尚说：“路途那么遥远，你怎么去?”

穷和尚说：“我只要一个钵、一个水瓶、两条腿就够了。”

有钱的和尚听了哈哈大笑，对穷和尚说：“我想去也想了好几年，一直没成行就是因为旅费不够。我的条件比你好，我都去不成，你又怎么去得了?”

然而，过了一年，穷和尚平安回来了，还带了一本佛经送给有钱的和尚。有钱的和尚看他果真实现了愿望，惭愧得面红耳赤，一句话也说不出来。

我们并不能在行动之前把所有可能遇到的问题统统消除掉，但是我们可以在行动中克服各种困难。正因为有不少人总想着等到有100%把握了才行动，所以反而陷入了行动前的永远等待中，有的人甚至连一个小小的愿望都要等到所有条件都满足后才开始行动。你不可能等到所有条件都成熟后再行动。如果是那样，恐怕也就错过最佳的时机了。

正因为如此，很多人一辈子都干不成一件像样的事情，永远处于等待状态中。只有那些想到就马上动起来的人，才是真正能改变现状的人。

“想到就去做”好像是一句广告词，说起来人人皆知，可又有几个人能真的“想到就去做”呢？

美国成功学家格林在演讲时，曾不止一次地对听众开玩笑说，全球最大的航空速递公司——联邦快递其实是他构想的。

格林没说假话，他的确曾有过这个主意。20世纪60年代格林刚刚起步，在全美为公司做中介工作，每天都在为如何将文件在限定时间内送往其他的城市而苦恼。

当时，格林曾经想过，如果有人开办一个能够将重要文件在24小时之内送到任何目的地的服务该有多好！

这个想法在他脑海中停留了好几年，他也经常和人谈起这个构想，可遗憾的是他没有采取行动，直到一个名叫弗列德·史密斯的人（联邦快递的创始人）真的把它变为实际。到了这时，格林也就与开创事业的大好机会擦肩而过了。

格林用自己的故事现身说法：

成功地将一个好主意付诸实践，比在家里空想出1000个好主意要有价值得多。没有行动，再远大的目标都只是目标，再完美的设想也仅仅是设想，要想使其变为现实，就必须付出努力。

可见，行动才是最终的决定力量，无论你的计划多么详尽、语言多么动听，你不开始行动，就永远无法达到目标。人的一生中会有种种计划，若能将一切机会都抓住、将一切计划都执行，那么，事业上所取得的成就将是巨大的。

行动能让梦想变为现实

有些人打牌，总想着等到合适的时候再出好牌，但却发现与事实屡屡不符，等到别人都出完手中的牌了，才发现自己的好牌都攥在手里，没派上用场。

一位成功学大师这样评价行动和知识：行动才是力量，知识只是潜在的能量。如不积极行动，知识将毫无用处。克服任何障碍都离不开行动力，也只有付诸行动才能够让梦想变为现实。

从前，有两个朋友相伴一起去遥远的地方寻找人生的幸福和快乐，一路上风餐露宿，在即将到达目标的时候遇到了一条风急浪高的大河，而河的彼岸就是幸福和快乐的天堂。

对于如何渡过这条河，两个人产生了不同的意见，一个建议采伐附近的树木造一艘木船渡过河去，另一个则认为无论哪种办法都不可能渡过这条河，与其自寻烦恼和死路，不如等这条河流干了再轻轻松松地过去，两个人的意见无法统一。

于是，建议造船的人每天都会砍伐树木，辛苦而积极地制造船只，并顺带着学会了游泳，而另一个则每天躺下休息睡觉，然后到河边观察河水流干了没有。直到有一天，已经造好船的朋友准备扬帆远航的时候，另一个朋友还在讥笑他的愚蠢。

不过，造船的朋友并不生气，临走前只对他的朋友说了一句话："去做一件事不一定都成功，但不去做则一定没有机会成功！"

能想到等河水流干了再过河，这确实是一个“伟大”的创意。但可惜的是，这仅仅是个注定会永远失败的“伟大”创意而已。

这条大河终究没有干枯掉，而那位造船的朋友经过一番风浪也最终到达了彼岸。

只有行动才会产生结果，行动是成功的保障。任何伟大的目标、伟大的计划，最终必然要落实到行动上。不肯行动的人只是在做白日梦，这种人不是懒汉就是懦夫，他们终将一事无成。

古希腊格言讲得好：“要种树，最好的时间是10年前，其次是现在。”同样，要成为赢家，最好的时间是3年前，其次是现在。

要成为人生牌局的赢家，就应该尽早迈出自己的第一步。

20世纪70年代的一天，史蒂芬·乔布斯和史蒂芬·沃兹尼亚克卖掉一辆老掉牙的大众牌汽车，得到了1500美元。对于史蒂芬·乔布斯和史蒂芬·沃兹尼亚克这两个正准备开一家公司的人来说，这点钱甚至无法支付办公室的租金，而且他们所要面对的竞争对手是国际商业机器公司——一个财大气粗的巨无霸。

租不起办公室，他们就在一个车库里安营扎寨。然而，正是在这样一个条件极差的车库里，苹果电脑诞生了，一个电脑业的巨子迈出了第一步。也正是这个从车库里诞生的苹果电脑，成功地从IBM手里抢走了荣耀和财富。如果当初这两位青年因为怕遇到诸多困难而不积极行动的话，那么恐怕就没有今天的苹果电脑了吧。

而惠普电脑的诞生与苹果电脑的诞生如出一辙。1938年，两名斯坦福大学的毕业生惠尔特和普克德在寻找工作的过程中尝尽了各种艰辛，同时也目睹了许多人因为找不到工作而陷入困境的惨状，于是他们决定摆脱受雇于人的现实，合伙开创自己的事业。两个一无所有的穷小子，总共才凑了538美元，他们有的只是想法和决心。他们没有消极等待，在加州的一间车库里，他们办起了一家公司——惠普公司。此后经过多年艰苦创业，惠普公司已成为全球最重要的电子元器件、配套设备供应商之一，总资产达300多亿美元。

可能每个人都会有很多想法，而且有不少想法甚至可以说是绝妙无比的。但是假若这些想法不能及时付诸实践，那它们永远都将是空想而已。不论你自己想得有多美，重要的是去做！没有人会嘲笑一个学步的婴儿，尽管他的步子趔趄、姿势难看，有时还会摔倒。

我们之所以难以将想法付诸实践，是因为当我们每一次准备搏一搏时，总有一些意外事件使我们停止，例如资金不够、经济不景气、新婴儿的诞生、对目前工作的一时留恋等种种限制以及许许多多数不完的借口，这些都会成为我们拖拖拉拉不思进取的理由。我们总是想等着一切都十全十美的时候再行动，但事实总会和愿望不太相符，于是我们的计划不会有开始动手的那一天，只是变成了空想。

面对人生的诸多机遇，我们看见了，也心动了，但是自己却由于各种原因或者不敢而没有付诸行动，眼看着机会从自己的身边溜走，到头来只能恨自己没有胆量。

安妮是一个可爱的小姑娘，可她有一个坏习惯，那就是其每做一件事总爱让计划停留在口头上，而不是马上行动。

和安妮住在同一个村子里的詹姆森先生有一家水果店，出售本地产的草莓之类的水果。一天，詹姆森先生对来到店里买东西的安妮说："你想挣点钱吗？"

"当然想，"她很不好意思地回答，"我一直想买一双新鞋，可家里条件不允许。"

"好的，安妮，"詹姆森先生说，"隔壁卡尔森太太家的牧场里有很多长势很好的黑草莓，他们允许所有人去摘。你摘了以后把它们都卖给我，1升我给你13美分。"

安妮听到可以挣钱，非常高兴，于是迅速跑回家，拿上一只篮子，准备马上就去摘草莓。但这时她不由自主地想到，要先算一下采5升草莓可以挣多少钱。于是她拿出一支笔和一块小木板计算了起来，计算的结果是65美分。

“要是能采12升呢，我又能赚多少？”

“上帝呀！”她得出了答案，“我能得到1美元56美分呢！”

安妮接着算下去，要是她采了50、100、200升……詹姆森先生会给她多少钱？她兴奋地算来算去，已经到了中午吃饭时间，她只好下午再去采草莓了。

吃过午饭后，安妮匆匆忙忙地拿起篮子向牧场赶去。而许多男孩子在午饭前就赶到了那里，他们快把好的草莓都摘光了，可怜的小安妮最终只采到了1升草莓。

在回家途中，安妮想起了老师常说的话：“办事得尽早着手，干完后再去想：因为一个实干者要胜过100个空想家。”

成功在于计划，更在于行动。目标再大，如果不去落实，也永远只能停留于空想阶段。所以，当你心动的时候，应当尽快将其付诸于行动，这样才能更好地把握住机遇。

在一次行动力研习会上，培训师说：“现在我请各位一起来做一个游戏，大家必须用心投入，并且采取行动。”他从钱包里掏出了一张面值100元的人民币说：“现在有谁愿意拿50元来换这张100元的人民币？”他说了几次，都没有人行动，最后终于有一个人走向讲台，但他仍然用一种怀疑的眼光看着培训师和那一张人民币而不敢行动。那位培训师提醒说：“要配合，要参与，要行动。”那个人听后采取行动，换回了那100元，赚了50元。最后，培训师说：“凡事都马上行动、立刻行动，你的人生才会不一样。”

现实生活中，我们往往在心动的时候会考虑到很多因素，比如愿望能否实现、会遇到诸多困难和阻挠、自己的力量很单薄等等。但是为什么不去试试呢？没准儿一试就成功了呢。很多时候，我们缺少的是将心动变成行动的胆量。

人生就是这样，再美好的梦想，离开了行动就会变成空想；再完美的计划，离开了行动也会失去意义。我们要实现自己的理想，就应当注重行动力，在行动中实现自己的梦想。

你可能曾经看到过某些人在接近人生旅程的尽头回顾一生时说："如果我能有不同的做法……如果我能在机会降临时好好地利用……"这些未能得到满足的生命，只是充塞着数不清的"如果……"他们的生命在真正起步之前就已经结束了。

只有行动才能让计划变成现实，这是千年不变的真理。如果你想改变自己的现状，那就赶快行动吧！

随时为机遇做好热身

许多人坐等机会，希望好运从天而降，这些人往往难成大事。成功者积极准备，一旦机会降临，便能牢牢地把握住。机遇对于每个人来说，没有彩排，只有直播，如果你没有把握住的话，那就只能等着自己出丑。

当机遇到来时，如果你没有提前为机会做好准备，就会将它习惯性地丢掉，与其失之交臂。这样说来，其实生活中不是机遇少，只是我们对机遇视而不见。

这就和许多发明创造一样，看起来是偶然，但其实那些发现和发明并非偶然得之，更不是什么灵机一动或运气极佳。事实上，在大多数情形下，这些在常人看来纯属偶然的事件，是从事该项研究的人长期苦思冥想并付诸努力的结果。

人们常常会引用苹果砸在牛顿的脑袋上导致他发现万有引力定律这一例子，来说明纯属偶然的事件在发现中的巨大作用，但人们却忽视了多年来牛顿一直在为重力问题苦苦思索、研究这一现象的艰辛过程。苹果落地这一常见的日常生活现象之所以为常人所不在意而能激起牛顿对重力问题的理解，能激起他灵感的火花并进一步做出异常深刻的解释，归根结底是因为牛顿对重力问题有着深刻的理解，并不是单纯依赖于偶然。在生活中，有成千上万个果子从树上掉下来，却很少有人能像牛顿那样总结出深刻的定律来。

同样，从普通烟斗里冒出来的五光十色像肥皂泡般的小泡泡，这在常人眼里就跟空气一样普通，但正是这一现象促使杨格博士创立了著名的光干扰原理，并由此发现了光衍射现象。

人们总认为伟大的发明家一定会涉及一些十分重大的事件或奥秘，其实像牛顿和杨格以及其他许多科学家平时研究的都是一些极普通的现象。他们的过人之处在于能从这些人所共见的普遍现象中揭示其内在的、具有本质性的联系，而这些都是凭藉他们的全力以赴钻研得来的。只有这样为机遇做好了充分的准备，才能发现机遇，进而更好地抓住机遇。

所罗门说过："智者的眼睛长在头上，而愚者的眼睛是长在脊背上的。"心灵比眼睛看到的东西更多。有些人能走上成功之路，不乏来自于偶然的机遇在助推。然而就他们本身而言，也确实具备了获得成功机遇的才能，所以在机遇到来时才能牢牢抓住。

好运气更偏爱那些努力工作的人。没有付出充分的准备和大量的汗水，机会就会眼睁睁地从身边溜走。对于机遇来说，相伴相生的是你要忍受常人无法忍受的艰苦和穷困，以及献身工作的漫漫长夜。只要对所从事的工作有充分的准备，机会就会来临。

拿破仑·希尔说过，任何人只要能够定下一个明确的目标，坚守这个目标，时时刻刻把这个目标记在心中，再坚持行动，那么，必然会收到意想不到的结果。

在日常生活中，常常会发生各种各样的事，有些事能使人大吃一惊，有些事却毫无惊人之处。一般而言，使人大吃一惊的事会使人倍加关注，而平淡无奇的事往往不被人注意，但它却可能包含有重要的意义。一个有敏锐洞察力的人，他会独具慧眼，留心周围小事的重要意义。人们也不能把目光完全局限于"小事"上，而是要"小中见大""见微知著"。只有这样，才能有更多发现机遇的可能。

我们应当随时为机遇做好热身，努力向着自己的目标奋斗，为目标准备，才能够在机会来临的时候大显身手，否则在机会来临的时候自己却手忙脚乱或者不知所措，只能让机会白白地从身边溜走。人不能躺在那里等待机遇，只有事先做好充分的准备，在机遇来临时才有可能抓住机遇，获得成功。

欲望是开拓命运的力量

心界决定一个人的真实世界。只有渴望成功，你才能有成功的机会。

《庄子》一开篇即说的是“小大之辩”。说北方有一个大海，海中有一条叫作鲲的大鱼，宽几千里，没有人知道它有多长。鲲化为鸟叫作鹏。它的背像泰山、翅膀像天边的云，飞起来，乘风直上九万里的高空，超绝云气，背负青天，飞往南海。

蝉和斑鸠讥笑说：“我们愿意飞的时候就飞，碰到松树、檀树就停在上边；有时力气不够，飞不到树上，就落在地上，何必要高飞九万里，又何必飞到那遥远的南海呢?”

那些心中有着远大理想的人通常不被常人所理解，就像目光短浅的麻雀无法理解大鹏鸟的志向，更无法想像大鹏鸟靠什么飞往遥远的南海一样。因而，像大鹏鸟这样的人必定要比常人忍受更多的艰难曲折、忍受心灵上的寂寞与孤独。因而，他们必须要坚强，把这种坚强潜移到远大志向中去，这就铸成了坚强的信念。这些信念熔铸而成的理想将带给大鹏一颗伟大的心灵，而成功者正脱胎于这伟大的心灵。

本·侯根是世界上最伟大的高尔夫选手之一。他并没有其他选手那么好的体能，能力上也有一点缺陷，但他在坚毅、决心，特别是追求成功的强烈愿望方面却高人一等。

本·侯根在玩高尔夫球的巅峰时期不幸遭遇了一场灾难。在一个有雾的早晨，他跟太太维拉丽开车行驶在公路上，当他在一个拐弯处掉头时，突然看到一辆巴士的车灯。本·侯根想这下可惨了，他本能地把身体挡在太太面前保护她。这个举动反而救了他，因为方向盘深深地嵌入了驾驶座。事后他昏迷不醒，过了好几天才脱离险境。医生认为他的高尔夫生涯从此要结束了，甚至断定他若能站起来走路已经很幸运了。

但是他们并未将本·侯根的意志与需要考虑进去。他刚能站起来走几步，就渴望恢复健康再上球场。他不停地练习，并增强臂力。起初他还站得不稳，再次回到高尔夫球场时也只能蹒跚而行。后来他刚刚恢复工作、走路的能力，就来到高尔夫球场加以练习。开始只打几球，但是他每次去都比上一次多打几球。最后，当他能够重新参加比赛时，名次上升得飞快。

理由很简单，他有必赢的强烈愿望，他知道自己会重回高手之列。是的，普通人跟成功者的差别就在于有无这种强烈的成功愿望。

成功学大师卡耐基说过：“欲望是开拓命运的力量，有了强烈的欲望，就容易成功。”因为成功是努力的结果，而努力又大都产生于强烈的欲望。正因为这样，强烈的创富欲望才成为成功创富最基本的条件。如果你不想再过贫穷的日子，就要有创富的欲望，并让这种欲望时时刻刻激励你，让你向着这一目标坚持不懈地前进。许多成功者都有一个共同体会，那就是创富的欲望是创造和拥有财富的源泉。

20世纪人类的一项重大发现，就是认识到思想能够控制行动。你怎样思考，就会怎样行动。你要是强烈渴望致富，就会调动自己的一切能量去创富，使自己的一切行动、情感、个性、才能与创富的欲望相吻合。

对于一些与创富的欲望相冲突的东西，你会竭尽全力去克服；对于有助于创富的东西，你会竭尽全力去维护。这样，经过长期努力，你便会成为一个富有者，使创富的愿望变成现实。相反，你要是创富的愿望不强烈，一遇到挫折便偃旗息鼓，那么创富的愿望会被扼杀。

保持一颗渴望成功的心，你就能获得成功。

等待就意味着“放弃”

令人筋疲力尽的并不是要做的事情本身，而是事前事后患得患失的心态。一个失败者的最大特征就是顾虑再三、犹豫不决。

作家雨果说过：“最擅长偷时间的小偷就是‘迟疑’，它还会偷去你口袋中的金钱和成功。”虽然我们没有100%的把握保证每一次决定都能获得成功，但现实情况就是等待不如决断。所以，在机会转瞬即逝的当代社会，等待就意味着“放弃”，成功者宁愿“立即失败”也不愿犹豫不决。SAP公司的CEO普拉特纳曾经说过这样一句话：“我宁可做6个正确决定和4个错误决定，也不要犹豫等待。”

当恺撒大帝来到意大利的边境卢比孔河时，看似神圣而不容侵犯的卢比孔河使他的信心有所动摇。他想到，如果没有参议院的批准，任何一名将军都不允许侵略一个国家。此时他的选择只有两个——“要么毁灭我自己，要么毁灭我的国家”，最后他毅然做出决定，喊着：“不要惧怕死亡”带头跳入卢比孔河中。就是因为这一时刻的决定，世界历史随之改变。

所以说，获得成功的最好办法，就是迅速做出该怎么做一件事的决定。应排除一切干扰因素，一旦做出决定就不要再犹豫不决，以免我们的决策受到影响，有的时候犹豫就意味着失去。

古希腊有一位哲学家饱读经书、富有才情，很多女人都很迷恋他。一天，一个女子来敲开他的门说：“让我做你的妻子吧！错过我，你将再也找不到比我更爱你的女人了！”哲学家虽然也很喜欢她，但却回答说：“让我考虑考虑！”

哲学家犹豫了很久，终于下定决心娶那位女子。哲学家来到女人的家中，问女人的父亲：“你的女儿呢？请你告诉她，我考虑清楚了，我决定娶她为妻！”女人的父亲冷漠地回答：“你来晚了10年，我女儿现在已经是3个孩子的妈了！”

哲学家听了，几近崩溃。后来，哲学家抑郁成疾。临终前，他将自己所有的著作都丢入火堆，只留下一句对人生的批注——下一次，我绝不犹豫！

所以，面对选择，一定要迅速做出决断，哪怕做出错误的选择也好过犹犹豫豫。因为，机会一旦错过了，是不会再有的。

有个小男孩，某天在外面玩耍时发现了一只不会飞的小麻雀，便决定把小麻雀带回家喂养，但是想起应该先和爸爸说一声，以取得他的同意，于是决定先去找爸爸。

爸爸一听就同意了，可是等小男孩回来的时候，一只黑猫正好把地上的麻雀叼走吃了。小男孩伤心不已，暗暗下定决心：今后只要是自己认定的事情，决不优柔寡断。后来这位小男孩成了电脑名人，他就是王安博士。

在人生的道路上，许多机会都是转瞬即逝的。机会不会等人，如果犹豫不决，便很可能失去很多成功的机会。

犹豫拖延的人没有必胜的信念，也不会有人信任他们。而果断积极的人就不一样了，他们是世界的主宰。放眼古今中外，能成大事者都是当机立断之人，他们能够快速做出决定，并迅速执行。

在确定圣彼得堡和莫斯科之间的铁路线时，总工程师尼古拉斯拿出了一把尺子，在起点和终点之间画了一条直线，然后用不容辩驳的语气斩钉截铁地宣布：“你们必须这样铺设铁路。”于是，铁路线就这样轻而易举地确定了。

综观历史，成功者比别人更果断、比别人更迅速，较之别人更敢于冒险。因此，能把握更多的机会，成为最终的胜利者。实际上，一个人如果总是优柔寡断、犹豫不决，或者总在毫无意义地思考自己的选择，一旦有了新的情况就轻易改变自己的决定，这样的人成就不了任何事，只能羡慕别人的成功，在后悔中度过余生。

纵使平凡，也不要平庸

平凡与平庸是两种截然不同的生活状态：前者如一颗使用中的螺丝钉，虽不起眼，却真真切切地发挥作用、实现价值；后者就像废弃的钉子，身处机器运转之外，无心也无力参与机器的轮动。

平凡者纵使渺小却能挖掘自己生命的全部能量，平庸者却甘居人下不肯露头。虽无惊天伟绩但物尽其用、人尽其能，这叫平凡；有能力发挥却自掩才华、自甘寂寞，这叫平庸。

世间生命多种多样，有天上飞的，有水中游的；有陆上爬的，有山中走的，所有生命都在时间与空间之流中兜兜转转。生命，总是以其多彩多姿的形态展现着各自的意义和价值。

“生命的价值，是以一己之生命，带动无限生命的奋起、活跃。”智慧禅光在众生头顶照耀，生命在闪光中见出灿烂、在平凡中见出真实。所以，所有的生命都应该得到祝福。

“若生命是一朵花就应自然地开放，散发一缕芬芳于人间；若生命是一棵草就应自然地生长，不因是一棵草而自卑自叹；若生命是一只蝶，何不翩翩飞舞？”芸芸众生，既不是翻江倒海的蛟龙，也不是称霸林中的雄狮，我们在苦海里颠簸、在丛林中避险，平凡得像是海中的一滴水、林中的一片叶。在海滩上，这一粒沙与那一粒沙的区别你能否看出？在旷野里，这一堆黄土和那一堆黄土的差异你是否能道明？

每个生命都很平凡，但每个生命都不卑微，所以，真正的智者不会让自己的生命陨落在无休无止的自怨自艾中，也不会甘于身心的平庸。

你可见过在悬崖峭壁上卓然屹立的松树？它深深地扎根于岩缝之中，努力舒展着自己的躯干，任凭阳光暴晒、风吹雨打，在残酷的环境中始终保持着昂扬的斗志和积极的姿态。或许它很平凡，只是一棵树而已，但是它并不平庸，它努力地保持着自己生命的傲然姿态。

有这样一则寓言让我们懂得：每个生命都不卑微，都是大千世界中不可或缺的一环，都在自己的位置上发挥着应有的作用。

一只老鼠掉进了一只桶里，怎么也出不来。老鼠吱吱地叫着，并发出哀鸣，可是谁也听不见。可怜的老鼠心想，这只桶大概就是自己的坟墓了。正在这时，一只大象经过桶边，用鼻子把老鼠吊了出来。

“谢谢你，大象。你救了我的命，我希望能报答你。”

大象笑着说：“你准备怎么报答我呢？你不过是一只小小的老鼠。”

过了一些日子，大象不幸被猎人捉住了。猎人用绳子把大象捆了起来，准备等天亮后运走。大象伤心地躺在地上，无论怎么挣扎也无法把绳子扯断。

突然，小老鼠出现了，它开始咬绳子。终于，在天亮前咬断绳子，替大象松了绑。

大象感激地说：“谢谢你救了我的性命，你真的很强大！”

“不，其实我只是一只小小的老鼠。”小老鼠平静地回答。

每个生命都有自己绽放光彩的刹那，即使是一只小小的老鼠也能够拯救比自己体型大很多的巨象。故事中的这只老鼠正是星云大师所说的“有道者”。一个真正有道的人，即使别人看不起他，把他看成是卑贱的人，他也丝毫不受影响，因为他知道自己的人格、道德不需要所有人都了解并认可。他依然会在自我的生命之旅中将智慧的种子撒播到世间各处。

有人说：“平凡的人虽然不一定能成就一番惊天动地的大事业，但对他自己而言，能在生命过程中把自己点燃，即使是根小火柴，只要能发出微微星火就足够了；平庸的人也许是一大捆火药，但他没有找到自己的引线，在忙忙碌碌中消沉下去，变成了一堆哑药。”

也许你只是一朵残缺的花，只是一片熬过旱季的叶子，或是一张简单的纸、一块无奇的布，也许你只是时间长河中一个匆匆的过客，不会引起人们的关注与惊叹，但只要你拥有积极的心态，并将自己的长处发挥到极致，就会成为成功驾驭生活的勇士。

不要把昨天的事拖延到今天

你打算什么时候开始完成手头上的项目？你在等什么，是在等待别人的帮助还是等待问题消失？明明已经有了计划，但却不能付诸执行，问题仍在等着你，而那些同时起步的人已经解决了问题，开始了下一步计划。

不拖延的人都是具有高效执行力的人，他们会想尽办法尽速完成任务。“最理想的状态是任务在昨天完成。”对于应该尽速完成的事，要在第一时间内进行处理，争取让工作早点瓜熟蒂落，让自己安心。

千万不要把昨天能完成的工作拖延到今天、把今天能完成的工作拖延到明天，最好不要等到别人开口说那句“你什么时候做完那件事”时，才匆忙呈上自己的答卷。

比尔·盖茨说：“过去，只有适者能够生存；今天，只有最快处理完事务的人能够生存。”对于一名决不拖延的行动者来说，“马上就办”是唯一的选择。

李·雷蒙德是工业史上绝顶聪明的CEO之一，是洛克菲勒之后最成功的石油公司总裁——他带领埃克森·美孚石油公司继续保持着全球知名公司的美誉。

有一次，李·雷蒙德和他的一位副手到公司各部门巡视工作。到达休斯敦一个区加油站时，李·雷蒙德看到油价告示牌上公布的还是昨天的数字，并没有按照总部指令将每加仑油价下调5美分，感到十分恼火。

李·雷蒙德立即让助理找来加油站的主管约翰逊。远远地望见这位主管，他就指着报价牌大声说道："先生，你大概还熟睡在昨天的梦里吧！因为我们收取的单价比我们公布的单价高出了5美分，我们的客户完全可以在休斯敦的很多场合贬损我们的管理水平，并让我们公司成为笑柄。"

意识到了问题的严重性，约翰逊连忙说道："是的，我立刻去办。"

看到告示牌上的油价得到更正以后，李·雷蒙德面带微笑地说："如果我告诉你，你腰间的皮带断了，而你却不立刻去更换它或者修理它，那么，当众出丑的只有你自己。"

也许加油站的主管约翰逊认为，当天的油价只要在当天换也来得及。但是商业环境的竞争节奏正在以令人炫目的速率快速运转着，我们所应该做的是"决不拖延"。

以最快的反应速度去开始一项工作是保持恒久竞争力不可缺少的因素，也是唯一不会过时的职场本领。在人才竞争激烈的公司里，要让自己保持稳定甚至常胜的优势，就必须奉行"决不拖延"的工作理念。

世界上有90%的人都因拖延的陋习而一事无成。不提出任何问题，不表示任何困难，以最快的时间、用最好的质量，马上就办，这才可称得上是最优秀的人。

以比别人更快的速度去行动

日本著名企业家盛田昭夫说：“我们慢，不是因为我们不快，而是因为对手更快。如果你每天落后别人半步，一年后就是一百八十三步，十年后即十万八千里。”

我们不仅仅需要不拖延，还需要以比别人更快的速度去行动。

曾担任过《大英百科全书》美国分册主编的沃尔特·皮特金在好莱坞工作时，一位年轻的支持者向他提出了一项大胆的建设性方案。在场的人全被吸引住了，它显然值得考虑，不过他可以从容考虑、与别人讨论，最后再决定如何去做。但是，当其他人正在琢磨这个方案时，皮特金却突然把手伸向电话并立即开始向华尔街拍电报，用电文热烈地陈述了这个方案。当然，拍这么长的电报费用不菲，但它转达了皮特金的信念。

出乎意料的是，1000 万美元的电影投资立项就因为这个电文而拍板签约。而假如他拖延行动，这项方案极可能就在小心翼翼的漫谈中流产，幸亏皮特金将其立刻付诸行动。

无论是公司还是个人，没有在关键时刻及时做出决定或行动，而让事情拖延下去，会给自身带来严重的伤害。

商机如战机，随时都可能消失，只有立即行动的人才能把握一切。拖延像一颗职场毒瘤，需要马上切除，优秀的人永远是从现在开始行动，不把任何事情拖延到下一分钟。赶紧鞭策自己摆脱“等一分钟”的桎梏，以比别人更快的速度去行动，才能控制“等待下一分钟”的“第三只手”，把你从拖延的陷阱中拯救出来。

在生活中，我们总会对自己说，明天我要如何如何。工作中也是如此，很多员工对自己过分宽容，习惯用“今天来不及了，等明天再开始做吧”的理由来拖延。其实，明天也许永远不可能到来，每天都是今天，为什么不把起点设在今天呢？

安妮是某大学艺术团的歌剧演员。她有一个梦想：大学毕业后，要在纽约百老汇成为一名优秀的主角。当安妮与老师谈起这个梦想时，老师鼓励她说：“你今天去百老汇跟毕业后去有什么差别？”于是，安妮决定下学期就去百老汇闯荡。

而老师却紧追不舍：“你下学期去跟今天去，有什么不一样？”安妮情不自禁地说：“好，给我一个星期的时间准备一下，我就出发。”老师则步步紧逼：“所有的生活用品在百老汇都能买到，你一个星期以后去和今天去有什么差别？”

安妮终于说：“好，我明天就去。”老师赞许地点了点头。第二天，安妮就飞赴全世界巅峰的艺术殿堂——美国百老汇。当时，百老汇的某制片人正在酝酿一部剧目，几百名来自世界各地的人去应征主角。按照当时的应聘步骤，是先挑出10个左右的候选人，然后让他们每人按剧本的要求演绎一段主角的对白。这意味着，每名应征者都要经过两轮百里挑一的艰苦角逐才能胜出。

安妮抵达纽约后，费尽周折从一位化妆师手里要到了即将排演的剧本。在这之后的两天中，安妮闭门苦读、悄悄演练。正式面试那天，安妮是第48个出场的。当制片人看到眼前的这个姑娘在表演时感情如此真挚、人物塑造得如此惟妙惟肖时，当即便惊呆了！他马上通知工作人员结束面试，主角非安妮莫属。就这样，安妮来到纽约的几天时间里就顺利进入百老汇，穿上了人生中的第一双红舞鞋。

很多时候，你若立即进入主题，会惊讶地发现，浪费在万事俱备上的时间和潜力会让你懊悔不已。而且，许多事情若立即动手去做，就会感到快乐、有趣，加大成功的几率。

拖延常常是少数人逃避现实、自欺欺人的表现。然而，无论你是否在拖延时间，自己的事情都必须由自己来完成。通过暂时逃避现实，从暂时的遗忘中获得片刻的轻松，这并不是问题的根本解决之道。

当然，以更快的速度去行动不一定能获得最终的成功，但迟疑不决注定不能将事情办成。我们应该记住这一点。

只要努力坚持都会得到回报

“天下没有免费的午餐”，说的是这个世界上没有不劳而获的事情。同理，肯付出努力的人必然会得到回报。或许有时候，生活不一定会立刻给我们想要的答案，但是不必过于沮丧，因为上帝是个调皮的造物主，它会在适当的时机给我们惊喜。因此，不要放弃努力。

委屈似乎成了很多人口中的常用词，“为什么我这么努力，却得不到他人的喜欢，我很委屈”“为什么我尽力了，却始终没有好的结果，我特别委屈”“为什么他人总是看不到我的努力，我明明如此勤奋，我非常委屈”……这大概是我们惯用的思维模式。

快节奏的生活和较大的现实压力，经常会让我们失去耐心。当我们做出努力之后，就需要立刻看到结果。而很多时候，生活对我们生命的把控和我们对自己步伐的安排是不一致的，因此，不必太急躁，更不必过分追逐眼下的结果。因为，每一个我们咬紧牙关努力前行的时刻，最终生活都会给予我们相应的回报。

一位旅行者在跋涉到河边的时候遇到了一位因无法渡河而犯难的老人家。虽然当时的他已经非常疲惫，但他还是尽全力帮助老人渡过了河。但是，他没有想到，过了河之后，老人家就继续前行了，对于自己的帮助连句感谢话都没有，他有些沮丧和懊悔，觉得自己白白帮助了老人家，还不如节省点力气。一段时间之后，旅行者几乎到了精疲力竭的程度，正犯难没有办法获得补给的时候，一个年轻人出现了。原来，这个年轻人是老人家的孙子，他递给旅行者一大袋干粮，并告诉旅行者，自己的祖母特别感谢他刚才的慷慨相助，并嘱咐自己把胯下的马也送给这位旅行者。

很多时候，生活不会雪中送炭，在我们最需要的时候给予相应的回报，但是这并不代表生活是个冷血的角色。当我们遇到挫折和不如意的时候，要相信自己，坚持下去，不懈努力，生活便一定会在某个时刻突然带给我们惊喜。

小张是个非常努力的年轻人，虽然进入了一家比较好的公司，站在了比同龄人高的起点上，但是她从不骄傲，每天都认真学习、认真工作，不放过任何细节，以最严格的要求来约束自己。因此，她进步很快，进入公司仅半年便已经能够独立处理很多事情。主管也对她非常满意，甚至当公司有新人入职的时候，主管都会让小张主持培训。

后来，公司的管理职位有了一个空缺，将在小张的团队中选一个人填补。小张觉得自己平时足够努力，工作上也几乎没有差错，主管也非常喜欢自己，于是心里默默地认为这个机会应该就是自己的了。

但是，小张的主管最终却选择了另外一个入职更久的同事来担任这个职位。这让小张非常沮丧，甚至感到十分委屈，一度对工作有些消极。主管当然看出了小张的心思，他鼓励小张说："你的努力，我和大家都看在眼里。你要相信自己，不要因为这件事情就放弃自己一直以来的坚持。让自己好好沉淀一段时间，也许会有惊喜呢。"

原来，当时公司已经计划开展新的业务领域，这个领域需要一个团队主管，领导早已经想好了，要让小张担任这个职位，只是因为业务还没有上线，所以一直都在计划中。

半年之后，这个业务上线了。当领导告诉小张这个消息的时候，小张十分感动。原来自己的努力一直都没有白费，时间真的给了自己回报，而且是更好的回报。

正如有句话说的那样："很多事情，到最后都是好的结果。如果不是这样，那就说明还没到最后。"可遗憾的是，很多人都被挫折和坎坷打败了，没能坚持下去，等到机会来临的时候才懊恼自己当初的脆弱和不坚持。

人生不会只有顺境，不论遇到顺境逆境都不能放弃努力。特别是当遇到不顺心的事情时，不要妄自菲薄，甚至全盘否定自己的努力。我们最需要的就是耐心和信心，要对时间有耐心、对自己有信心。这就好比站在空荡的山头朝着对面喊话，当我们用力喊出一声的时候你不会立刻听到回声，总会经过一段小小的时间我们才能听到那绵延的回声。生活会给我们答案，不会让我们做无谓的努力，但生活不是个急性子，不会立刻告诉我们所有结果。

逆水行舟，不进则退。我们所处的环境已经不能让我们安逸舒适"躺着赚钱"了，因此我们要努力，而且要不懈地努力。在努力的过程中，莫要因为困难或者偶尔的不顺而心灰意冷，甚至完全放弃前行，那样的举动真的会令我们得不偿失。我们深知，很多事情不会是一蹴而就的，好事多磨就是这个道理。有时候感觉自己用尽了力气，但却还是失败了，但是一定要相信，我们的努力生活看得到，它只是提供了更长的努力时间，当我们持之以恒之后就会发现，生活早就准备好了更佳答案，等待我们来摘取努力的硕果。

我们每个人都会有不满的时候，对自己不满、对他人不满、对生活不满。而很多不满的根源都在于我们对自己不努力的掩饰，生活只会善待拼命努力的人。因此，在遭遇了人生的滑铁卢时，不要轻易怀疑自己、怀疑他人、怀疑生活。而应该想办法改善并不断努力提升自己，不放弃坚定走向目标的决心。

要记住，属于我们的好结果，无论绕了多大的圈，我们都会得到。因此，不必心慌，不必惶恐，只要我们够努力，只要我们够坚持，生活就一定会给予我们一个不气馁的回报。

第二章

为目标努力，就会遇见更好的自己

没有目标的人生就像没有方向的航船，只能在海上漫无目的地漂泊。为了掌控自己的人生，先要明确你的目标，找到努力的方向，再立即采取行动，不断努力提高自己的能力、促进自己的成长。很多时候，生活对我们生命的把控和我们对自己步伐的安排是不一致的，因此，不必太急躁，更不必过分追逐眼下的结果。因为，每一个我们咬紧牙关努力前行的时刻，最终生活都会给予我们相应的回报。

把目标当成挑战自我的机会

在美西战争爆发时，美国总统必须马上与古巴的起义军将领加西亚取得联系。加西亚在古巴的大山里——没有人知道他的确切位置，可美国总统必须尽快与他合作。

有什么办法呢？有人对总统说：“如果有人能够找到加西亚的话，那么这个人一定是罗文。”于是总统把罗文找来，交给他一封写给加西亚将军的信。至于罗文中尉如何拿了信，用油纸袋包装好，上了封，放在胸口藏好；如何坐了四天的船到达古巴，再经过三个星期，徒步穿过这个危机四伏的岛国，终于把那封信送给加西亚——这些细节都不重要。

重要的是，美国总统把一封写给加西亚的信交给罗文，罗文接过信之后并没有问：“他在什么地方?”

像罗文中尉这样的人，值得拥有一尊塑像，放在所有的大学里。太多人所需要的不仅仅是从书本上学习来的知识，也不仅仅是他人的一些教诲，而是要铸就一种精神：积极主动、全力以赴地完成任务——“把信送给加西亚”。

阿尔伯特·哈伯德所写的《把信送给加西亚》一书首次发表是在1899年，随后即风靡整个世界。不仅是因为每一个领导都喜欢罗文这样的下属，更因为每一个人都从心底佩服罗文，佩服这个主动挑战任务的人。现代企业，迫切需要罗文，需要具有责任心和自动自发精神的好员工！而我们的人生，也同样需要罗文精神。

彼得和查理一起进入一家快餐店当上了服务员。他俩的年龄一样，也拿着同样的薪水，可是工作时间不长，彼得就得到了老板的褒奖，很快被加薪，而查理则仍然在原地踏步。面对查理和周围人的牢骚与不解，老板让他们站在一旁，看看彼得是如何完成服务工作的。在冷饮柜台前，顾客走过来要一杯麦乳混合饮料。

彼得微笑着对顾客说："先生，你愿意在饮料中加入一个还是两个鸡蛋呢？"

顾客说："哦，一个就够了。"

这样，快餐店就多卖出一个鸡蛋。在麦乳饮料中加一个鸡蛋通常是要额外收钱的。

看完彼得的工作后，经理说道："据我观察，我们大多数服务员是这样提问的：'先生，你愿意在你的饮料中加一个鸡蛋吗？'而这时顾客的回答通常是：'哦，不，谢谢。'对于一个能够在工作中主动解决问题、主动完善自身的员工，我没有理由不给他加薪。"

其实这个道理很简单：比别人多努力一些、多思考一些，就一定拥有更多的机会。

对很多人来说，每天的工作可能是一种负担、一项不得不完成的任务，他们并没有做到工作所要求的那么多、那么好。对每一个企业和老板而言，他们需要的绝不是那种仅仅遵守纪律、循规蹈矩，却缺乏热情和责任感，不够积极主动、自觉自发的人。

工作需要自觉自发，而那些整天抱怨工作的人是永远都不会"把信送给加西亚"的，他们或者出发前就胆怯了；或者遇到苦难而中途放弃；或者弄丢了这封重要的信，害怕惩罚而逃走；或者被敌人发现，背叛了写信人。这样的人是非常狭隘的，他的人生又能有多广阔?

其实，我们每个人都可以把自己的目标当成是一次“把信送给加西亚”的任务，这是一次挑战自己的机会，也是实现自我、突破自己的机会。

心中始终装着自己的目标

别人的人生再辉煌，你也感受不到任何光和热。别人的辉煌与自己毫无关联，你所能做的就是耐住寂寞，认准自己的目标，然后一步步地向目标迈进，千万不要被别人的成功晃花了眼。

在2006年之前，低调的张茵对于大众而言还是一张很陌生面孔。一夜间，“胡润富豪榜”将这一当年的中国女首富推出水面，这个颇具传奇色彩的商界红颜瞬间便成为公众瞩目的焦点。

在美国《财富》杂志“2007年最有影响力商业女性50强”中，她被称为“全球最富有的白手起家的女富豪”！张茵已成为这个时代平民女性的榜样。

玖龙造纸有限公司，当这一企业红遍大江南北时，张茵也因此赢得了“废纸大王”的美誉。这个东北姑娘当年的泼辣闯劲至今还留在大家的脑海中。

张茵出生于东北，走出校门后，做过工厂的会计，后在深圳信托公司的一个合资企业里也做过财务工作。1985年，她曾有过当时看来绝好的机遇：分配住房，年薪50万港币……然而，张茵却只身携带3万元前往香港创业，在香港的一家贸易公司做包装纸业务。

张茵一直遵循的财富法则就是做事专注而坚定，看准商机就下手，全心全意去做事。对于中国四大发明之一的传统行业——造纸业，张茵情有独钟，倾注了很多心血：从香港到美国，再到香港，继而把战场转向家乡，扩大到全世界，她的足迹随着纸浆的流动遍布全球。最初入行的张茵以“品质第一”为本，坚决不往纸浆里掺水，因而触犯了同行的利益吃尽苦头，她曾接到黑社会的恐吓电话，也曾被合伙人欺骗过。从未退缩的张茵凭借豪爽与公道逐渐赢得了同行的信任，废纸商贩都愿意把废纸卖给她，尽管她的粤语说得不好，但是诚信之下，沟通不是问题。

6 年时间很快过去，赶上香港经济蓬勃发展时期的张茵不但站稳了脚跟，而且还在完成资本积累的同时将目光投向了美国市场。因为有了在香港积累的丰富创业实践经验和一定资本，再加上美国银行的支持，自 1990 年起，张茵的中南控股（造纸原料公司）成为美国最大的造纸原料出口商。美国中南有限公司先后在美建起了 7 家打包厂和运输企业，其业务遍及美国、欧亚各地，在美国各行各业的出口货柜中数量排名第一。

成为美国废纸回收大王后，独具慧眼的张茵有了新的想法：做中国的废纸回收大王！1995 年，玖龙纸业在广东东莞投建。12 年后的今天，玖龙纸业产能已近 700 万吨，成为一家市值 300 多亿港元的国际化上市公司……

从张茵的身上，我们看到了专注与坚定精神的可贵。无论做什么事，都全身心地投入。只要全心全意想要做好一件事，无论遇到什么困难与挫折，只要沉着应对，都可以化险为夷。

有人说，挡住人前进步伐的不是贫穷或者困苦的生活环境，而是内心对自己的怀疑。但是，如果一个人内心中始终装着自己的目标，并且能够耐得住寂寞，静下心来努力为自己的目标积累能量，坚定不移地为实现目标而奋斗，那么即使他贫穷到买不起一本书，仍然可以通过借阅来获得知识。

人若是耐不住寂寞，老是眼红别人的成就，则不免会产生愤懑之心，看不惯别人取得的成就，要么悲叹命运之苦，要么控诉社会不公。这样一来，难免会陷入到负面情绪当中，而影响到自己的前程。

做自己想做的事情

生命的真正意义在于能做自己想做的事情。如果我们总是被迫去做自己不喜欢的事情，永远不能做自己想做的事情，我们就不可能拥有真正幸福的生活。可以肯定，每个人都可以并且有能力去做自己想做的事。拥有想做某种事情的愿望，这本身就说明你具备相应的才能或潜质。

为了生存，或许你不得不做自己不愿意做的事情，而且似乎已经习惯了在忍耐中生活。拿出你的魄力，做你想做的事情，放飞你心灵的自由鸟吧。

“知人者智，自知者明。”无论有多么困难，我们都应该找到自己内心深处真正需要的东西。甘愿迷失方向的人，永远也走不出人生的十字路口。只有那些不愿随波逐流、不甘被陈规束缚的人，才有勇气和魄力解除捆绑自己身心的绳索，找到自己想做的事情，并从中享受到幸福的感觉。

冲破世俗的罗网，冲破内心的矛盾，真实地做一次自由的选择吧。生活本没有那么多拘束，只是你自己不愿意改变现状，甘于这种无奈而已。

做自己想做的事情，这也是人生一大快事！

当然，做自己想做的事情在一定程度上要取决于你是否具备该行业所要求的特长。

没有出色的音乐天赋，很难成为一名优秀的音乐教师；没有很强的动手能力，就很难在机械领域游刃有余；没有机智老练的经商头脑，也很难成为一名成功的商人。

但是，即使你具备某种特长，也并不能保证你一定能够成功。有些人具有非凡的音乐天赋，但是，他们的一生却从未登上大雅之堂；有些人虽然手艺高超，却未能过上富裕的生活；有些人具有出色的人际交往和经商才能，但他们最终却难逃失败的命运。

在追求成功和致富的过程中，人所拥有的各种才能如同工具。好的工具固然必不可少，但是能否正确地使用工具同样非常重要。有人可以只用一把锋利的锯子、一把直角尺、一个很好的刨子做出一件漂亮的家具，也有人使用同样的工具却只能仿制出一件拙劣的产品，原因在于后者不懂得善用这些精良的工具。你虽然具备才能并把它们作为工具，但你必须在工作中善用它们，充分发挥其作用，方能天马行空、游刃有余。

当然，如果你拥有某一个行业所需要的卓越才能，那么，你从事这个行业的工作会比别人有更多的自由度。一般说来，处在能够发挥自己特长的行业里你会干得更出色，因为你天生就适合干这行。但是，这种说法具有某种局限性。任何人都不应认为适合自己的职业只能受限于某些与生俱来的资质，而无法做更多的选择。

做你想做的事，你将能获得最大的自由感。做你最擅长的事，并且勤奋地工作，这是最容易取得成功的。

如果你具有想做某件事情的强烈愿望，这本身就可以证明，你在这方面具有很强的能力或潜能。你所要做的，就是正确地运用它，并且进一步巩固和发展它。

在其他所有条件相同的情况下，最好选择进入一个能够充分发挥自己特长的行业。但是，如果你对某个职业怀有强烈的愿望，那么，你应该遵循愿望的指引，选择这个职业作为自己最终的职业目标。

做自己想做的事情，做最符合自己个性、令自己心情愉悦的事情，这是所有人的共同欲求。

谁都无权强迫你做自己不喜爱的事情，你也不应该去做这样的事情，除非它能帮助你最终获得自己所求的结果。

如果因为过去的失误，导致你进入了自己并不喜爱的行业、处在不如意的工作环境中，那么你确实不得不做自己并不想做的事情。但是，目前的工作完全有可能帮助你最终获得自己喜爱的工作，认识到了这一点，看到其中蕴藏的机遇，你就可以把从事眼下的工作变成一件同样令人愉悦的事情。

如果你觉得目前的工作不适合自己，请不要仓促换工作。通常说来，换行业或工作的最好方法是在自身发展的过程中顺势而为，在现有的工作中寻找改变的机会。当然，如果一旦机会来临，在审慎的思考和判断后就不要害怕进行突然而彻底的改变了。但是，如果你还在犹豫，暂时不能做出明确的判断，那么，就等条件成熟了，自己觉得有把握了再行动吧。

立志不坚，终不济事

我们常说的“燕雀安知鸿鹄之志”的典故出于《史记·陈涉世家》。

陈胜是阳城人（今郑州登封）。他年轻时是个雇工，给人耕田种地，长年累月像牛马一样受苦受罪，心里很是不平。有一天，在耕地中途他忽然停下手来，走到田垄上，握拳作势，怅然愤恨了许久，然后对伙伴们说：“要是将来谁富贵了，彼此都不要忘掉。”伙伴们笑着回答他说：“你是个雇佣耕田工，哪里会有什么富贵呢?”陈胜叹息道：“唉，燕雀安知鸿鹄之志哉?”这个故事表明秦末农民起义领袖陈胜年少时就有像大鸟鹏程万里的远大志向。

所以说，确立远大的志向对于我们的人生具有重要意义。志向作为一种价值目标，它能够激发人们的意志和激情，产生一种强大的精神动力，激励人们以积极、主动、顽强的精神投身于生活的洪流，对人生抱有积极向上的进取精神和乐观态度。

在我国历史上，那些人民英雄、民族英雄都是具有远大志向的人。

夏禹为了治水，九年在外，三过家门而不入。

秦国李冰父子为了战胜成都盆地的洪涝灾害，带领百姓治水，克服了无数困难，建成了闻名于世的都江堰。

汉代的霍去病，为了国家的安宁，长期驻守在边关，坚决抵御匈奴的侵略，在戎马倥偬中度过了自己的一生。当击退了匈奴的入侵，汉武帝准备给他大盖府第以酬其功绩时，他却说："匈奴未灭，何以为家?"

南宋末年的文天祥曾说："人生自古谁无死，留取丹心照汗青。"

北宋的名将岳飞，离别妻母，转战疆场，为了挽救国家的危亡，最后和自己的儿子岳云一起被奸佞害死在风波亭上。

清代民族英雄林则徐，坚持抵御英殖民主义的侵略，直至被充军到新疆后仍不灰心，一直没有忘记外国列强对我国的侵略，并在边疆和当地百姓一起修水利、栽葡萄，为人民造福。

志向，是人生前进的目标和导航的灯塔，是鼓舞人们去努力拼搏的动力。南宋哲学家朱熹说："大丈夫不可无气概""立志不坚，终不济事"。他在批评当时庸俗的社会风尚时说道："今人贪利禄，而不贪道义，要作贵人，不作好人，皆是志不立之病。"北宋文学家苏轼指出："天下未有其志而无其事者，亦未有无其志而有其事者。事因志立，立志则事成。古之立大事者，不惟有超世之才，亦必有坚忍不拔之志。"

幸福源自于为成功而奋斗，而成功的首要前提是立志，立下远大而实际的志向。所以说，立志和人生的幸福是紧密联系在一起的。每个人毕生都会思考这样一个问题：人生的价值是什么，如何生活才是幸福？其实，一个人只要树立了远大的志向，就会把远大志向的实现视为人生的价值和幸福。

卡耐基认为，远大志向是对幸福的憧憬、向往和追求，幸福是远大志向的实现。志向的实现是令人神往的、是幸福的，而对志向的追求则能唤起人们的极大热忱，获得精神上的充实感，这本身也是一种幸福。所以，无数仁人志士为了追求和实现远大的奋斗目标，甘愿承担艰难困苦，他们从来都不会放弃、从来都不会绝望，他们以苦为乐，对生活始终抱着极大的希望。而那些没有远大志向的人，终日浑浑噩噩地活着，白白地浪费了自己的一生。在他们的生活中也许没有多大的痛苦，但他们却不会有真正的幸福。

立志就先学会收放心。一个人清心寡欲、矢志不渝，这是人心向上的最好状态。然而在当今，人心容易浮躁，极易受声色犬马的诱惑，东追西逐，不知所至。这样的追求不再是美好的，反而犹如发狂的牲口，放逐于名疆利场。

立志，当然不能立歪志。中国古代讲修齐治平就反映了传统文化对于立志的基本要求，即利国、利民、利天下。我们立定志向要有所为而有所不为。面对滔滔人海，我们不能人云亦云，不要盲从，要敢于相信真理、相信自己的志向。虽千万人，吾往矣，这才是真正的鸿鹄之志！

那些倒在失败与挫折中的人，不是没有志向，只是他们没有坚持志向；那些在潦倒中绝望的人，不是因为志向太小，要知道他们也曾立下过鸿鹄之志，但如果没有坚持下去，无论多么大的志向也只能是一场幻想；而那些志向坚定的人，无论他们的志向是小是大，都可称得上是真正的“鸿鹄之志”。

相信自己一定会成功

人生总会有高低起伏，不会有永远处于低谷的人生，也不会有永远兴盛的家族，处于困顿中的人一样要抱持这样一种信念，要相信自己总有一天会成功。

张海迪1955年出生于山东省文登县，小时候的她很聪明、活泼。可五岁那年，她突然得了一种奇怪的病，胸部以下完全失去了知觉，生活不能自理了。为了治好病，她不知道做了多少次手术，但最终都无济于事。医生们都认为，像张海迪这么小的高位截瘫患者一般很难活到成年。

面对死神的威胁，小海迪意识到自己的生命很难长久，可是她并没有向命运低头，她不想成为一个只能依赖家人的人，她相信，只要自己坚持不懈地努力，总有一天会取得成功。为了不虚度光阴，她把每一分每一秒都用在刻苦自学上。

在日记中，她把自己比作天空中的一颗流星。她这样写道："不能碌碌无为地活着，活着就要学习，就要多为群众做些事情。既然我像一颗流星，我就要把光留给人间，把一切奉献给人民。"

1970年，张海迪跟随父母到乡下插队落户。她看到当地群众缺医少药，便萌生了学习医术的想法。她用平时省下来的零用钱买来了医学书籍，努力研读。为了能够识别内脏，她拿一些小动物来做解剖；为了了解人的针灸穴位，她就用自己的身体做实验，用红笔、蓝笔在身上画满了各种各样的点，在自己的身上练习扎针。她以常人难以想像的坚强毅力，克服了无数次困难，终于能够治疗一些常见病和多发病了。

在十几年里，张海迪医好了1万多名群众。搬到县城后，由于身体残疾，她没有工作可做，但她并不想让自己成为一个闲人。她从高玉宝写书的经历中获得启示，决定自己也走文学创作的道路，用笔去描绘美好的生活。

经过多年的勤奋写作，她的作品《轮椅上的梦》一经出版问世便立刻引发了强烈反响。张海迪有着坚定的人生信念，只要是自己认准了的目标，无论前面有多少艰难险阻，都要努力跨越过去。

一次，一位老人拿着一瓶进口药请她帮助翻译文字说明，可张海迪并不懂英文，看着这位老人满脸失望地离去，她的心里很是不安。于是从那天开始，她决心学习英文。在学习英文期间，她的墙上、桌上、灯罩上、镜子上乃至手上、胳膊上都写有英语单词，她还给自己定下了任务：每天晚上必须记住10个单词，否则就不睡觉。家里无论来了什么样的客人，只要会一点英语的，都成了她学习英语的老师。

几年以后，她不仅可以熟练阅读英文版的报刊和文学作品，而且还翻译了英国长篇小说《海边诊所》。当她将这部译稿交给某出版社的总编时，那位年过半百的老人感动得流下了热泪。

是的，每个人都会遇到这样那样的不顺。这时，你必须保持清醒，坚定地相信自己总有一天会成功。只要秉持这样的信念，上天就不会辜负你。

没有一帆风顺的人生，即使现在你失业了，也不要自暴自弃，心中永远保存成功的信念，终有一天你会获得成功。

有目标就是成功的起点

一个连自己的人生观都还没有确定、学问道德修养都很不够的人，是没有资格直接去指点别人行为的得失的。一个人没有自己的人生观、没有人生的方向，只是一味地屈从于环境，那是人生最为悲哀的事。人生有自我存在的价值，选择一个目标，也等于明确了人生的方向，这样才不至于迷失。

比塞尔是西撒哈拉沙漠中的一颗明珠，每年有数以万计的旅游者来到这里。可是在肯·莱文发现它之前，这里还是一个封闭而落后的地方。这里的人没有一个走出过大漠，据说不是他们不愿意离开这块贫瘠的土地，而是尝试过很多次都没有走出去。

肯·莱文当然不相信这种说法。他用手语向这里的人询问原因，结果每个人的回答都一样：从这里无论向哪个方向走，最后还是会转回到出发的地方。为了证实这种说法，他做了一次试验，从比塞尔村向北走，结果三天半后又走了回来。

比塞尔人为什么走不出来呢？肯·莱文非常纳闷，最后他只得雇了一个比塞尔人带路，看看到底是怎么回事。他们带了半个月的水，牵了两峰骆驼，肯·莱文收起指南针等现代设备，只拄着一根木棍跟在后面。

10 天过去了，他们走了大约 1000 公里路，第 11 天早晨果然又回到了比塞尔。

这一次肯·莱文终于明白了，比塞尔人之所以走不出大漠，是因为他们根本就不认识北斗星。在一望无际的沙漠里，一个人如果凭着感觉往前走，会走出许多大小不一的圆圈，最后的足迹十有八九是一把卷尺的形状：比塞尔村处在浩瀚的沙漠中间，方圆上千公里没有一处参照物，若不认识北斗星又没有指南针，想走出沙漠确实是不可能的。

肯·莱文在离开比塞尔时，带了一位名叫阿古特尔的青年，就是上次与他合作的人。他告诉这位汉子，只要你白天休息，夜晚朝着北面那颗星走，就能走出沙漠。阿古特尔照着去做了，三天之后果然来到了大漠的边缘。阿古特尔因此成为比塞尔的开拓者，他的铜像被竖立在小城的中央，铜像的底座上刻着一行字：新生活是从选定方向开始的。

能否拥有辉煌的人生很大程度上要取决于人生的方向，个人的幸福生活也离不开方向的指引。确立人生的方向是人一生中最值得认真去做的事情。你不仅需要自我反省、向人请教“我是什么样的人”，还需要很清楚地知道“我究竟需要什么”，包括想成就什么样的事业、结交什么样的朋友、培养和保留什么样的兴趣爱好、过一种什么样的生活。这些选择是相对独立的，但却是在一个系统内的，彼此之间相互呼应，从而共同形成人生的方向。

闻名于世的摩西奶奶是美国弗吉尼亚州的一位农妇，76 岁时因关节炎放弃农事，这时她又给自己设定了一个新的人生方向，开始了自己梦寐以求的绘画创作：80 岁时，到纽约举办个人画展，引起了意外的轰动。她活了 101 岁，一生留下绘画作品 600 余幅，在生命的最后一年还画了 40 多幅。

不仅如此，摩西奶奶的行动也影响到了日本大作家渡边淳一。渡边淳一从小就喜欢文学，可是大学毕业后他一直在医院里工作，这让他感到很不得志。马上就30岁了，他不知该不该放弃那份令人讨厌却收入稳定的工作，以便从事自己喜欢的写作。于是，他给闻名已久的摩西奶奶写了一封信，希望得到她的指点。摩西奶奶很感兴趣，当即给他寄了一张明信片，在上面写下这么一句话："做你喜欢做的事，上帝会高兴地帮你打开成功之门，哪怕你现在已经80岁。"

人生是一段旅程，方向很重要，每个人都可以掌握自己人生的方向。找到人生方向的人是最快乐的人，他们在每天的生活中体验这些，追求一种能令他们愉悦和满意的生活，他们的生活是与他们所向往的人生方向相一致的，对人生方向的追求使他们的生命更有意义。

人生的方向也是人生的哲学。在追求自己人生方向的过程中，应不断地做出总结，这并不是说你正处于人生的危急关头，不得不在你未来的目标和职业道路之间做出一个抉择，而是说从一开始就得给自己选定人生的方向，这才是最关键的人生问题。

要树立有价值的目标

关于人生，关于价值，著名哲学家黑格尔有个著名的论断，他说："目标有价值，人生才有价值。"可见目标对于人生的重要性，只有了解了自己为何有此一生、确立了自己所要完成的目标，人生才会更有意义。因此，我们不仅要树立远大的目标，而且还要树立有价值的目标。

有一次，在高尔夫球场，罗曼·V·皮尔在草地边缘把球打进了杂草区。有一个青年刚好在那里清扫落叶，就和他一起找球，那时，青年很犹豫地说："皮尔先生，我想找个时间向你请教。"

"什么时候呢？"皮尔问道。

"哦！什么时候都可以。"他似乎颇为意外。

"像你这样说，你是永远没有机会的。这样吧，30 分钟后在第 18 洞见面谈吧！"皮尔说道。30 分钟后他们在树荫下坐下，皮尔先问他的名字，然后说："现在可以告诉我，你有什么事要同我商量了吧？"

"我也说不上来，只是想做一些事情。"

"能够具体说出你想做的事情吗？"皮尔问。

"我自己也不太清楚。我很想做和现在不同的事，但是不知道做什么才好。"他显得很困惑。

“那么，你准备什么时候实现那个还不能确定的目标呢？”皮尔又问。

青年对这个问题似乎既困惑又激动，他说：“我不知道。我的意思是有一天，有一天想做某件事情。”于是皮尔问他喜欢做什么事。他想了一会儿，说想不出有什么特别喜欢的事。

“原来如此，你想做某些事，但不知道该做什么好，也不确定要在什么时候做，更不知道自己最擅长或喜欢的事是什么。”

听皮尔这样说，他有些不情愿地点点头说：“我真是个没有用的人。”

“哪里。你只不过是没有把自己的想法加以整理，或缺乏整体构想而已：你人很聪明，性格又好，又有上进心。有上进心才会促使你想做些什么，我很喜欢你，也信任你。”

皮尔建议他花两个星期的时间考虑自己的将来，并明确决定自己的目标，不妨用最简单的文字把它写下来。然后估计何时能顺利实现，得出结论后就写在卡片上，再来找自己。

两个星期以后，那个青年显得有些迫不及待，至少精神上看来像完全变了一个人似的在皮尔面前出现。这次他带来了明确而完整的构想，已经掌握了自己的目标，那就是要成为他现在工作的高尔夫球场经理。现任经理 5 年后退休，所以他把达到目标的日期定在了 5 年后。

他在这 5 年的时间里确实掌握了担任经理必备的学识和领导能力，经理的职务一旦空缺，没有一个人是他的竞争对手。

又过了几年，他的地位依然十分重要，成了公司不可或缺的人物。青年根据自己任职的高尔夫球场的人事变动决定未来的目标，现在的他过得十分幸福，非常满意自己的人生。

塞涅卡有句名言说："如果一个人活着不知道他要驶向哪个码头，那么任何风都不会是顺风。有人活着没有任何目标，他们在世间行走，就像河中的一棵小草，他们不是行走，而是随波逐流。"没有目标的人生就像没有方向的航船，只能在海上漫无目的地漂泊。

要努力做命运的主人

有这样一则故事：

一个诗人听说一个年轻人想跳桥自杀，而他手里拿着的是诗人的诗集《命运扼住了我的喉咙》。诗人听说后，拿了另一本诗集，赶紧冲到桥上。诗人来到桥上，走到了年轻人面前。

年轻人见有人上前，便做出欲跳的姿态说道："你不要过来！你不用劝我，我是不会下来的，命运对我太不公平了。"诗人冷冷地说："我不是来劝你的，我是来取回我那本诗集的。"年轻人很疑惑。诗人说："我要将这本诗集撕碎，不再让它毒害别人的思想，我可以用我手中的这本诗集和你手中的那本交换。"年轻人犹豫了一会儿，答应了诗人的请求。年轻人接过诗人手上的那本诗集时有些吃惊，因为诗人手上那本诗集的名字和原来那本如此相似，但又是如此不同——《我扼住了命运的喉咙》。

诗人接过年轻人手中那本诗集，对着它凝望了一会儿，便将它撕得粉碎。撕完后，诗人又说道："当我四肢健全时，我曾多次站在你那里。但当我经历了那场车祸变成残疾后，我便再也没有站到那里过。"诗人说完，用深邃的目光望着年轻人。年轻人迎着诗人的目光沉思了一会儿，终于从桥上下来了。

很多时候，我们同上面这个年轻人一样，总是被身边的人和事牵绊着、主宰着，把自己的人生交给命运去处理，而忘了自己才是人生的主宰，我们的命运和心灵应该由自己做主。

如果说生命是一艘航船，那么我们对舵的把握程度就决定了我们拥有怎样的人生。一个人的命运好不好，是由自己决定的。只要敢于主宰和规划人生，奇迹便会不断产生。

世界上的人基本上分为两大类：一类人拥有积极乐观的人生态度，而另外一类人则拥有消极悲观的人生态度。不同的人生态度，决定着不同的人生结果。

那些积极乐观的人，总是自己掌握自己的命运之舵，从而顺利到达幸福的彼岸；而那些消极悲观的人则总是把自己的命运之舵交给别人，或者依靠所谓的命运之神，结果永远会在苦海里挣扎。如果有了积极的心态，又能不断地努力奋斗，那么世上的一切事情都有成功的可能。如果既没有积极的心态，又不肯好好去努力，那么将永远和幸福失之交臂。

在家长制依然十分盛行的今天，长辈们包办子女的前途似乎合情合理，就算偶有意见，被他们的“生存哲学”一训诫，子女也会立马驯服。上好学校、找稳定工作、结婚生孩子……很多人总是沿着既定的轨迹向前走，按照长辈们的意愿来生活，却从来没想过自己也可以开创一个全新的人生。

亨利曾经说过：“我是命运的主人，我主宰我的心灵。”做人应该做自己的主人，应该主宰自己的命运，而不能把自己交付给别人。然而，生活中的许多人却不能主宰自己，有的人把自己交付给了金钱，成为金钱的奴隶；有的人为了权力，成了权力的俘虏；有的人经不住生活中各种挫折与困难的考验，把自己交给了上帝；有的人经历一次失败后便迷失了自己，向命运低头，从此便一蹶不振。

一个不想改变自己命运的人，是可悲的；一个不能靠自己的能力改变命运的人，是不幸的。一个人想获得成功，必定要经过无数的考验，而一个经受不住考验的人是绝对不能干出一番大事的。很多人之所以不能成就大事，关键就在于无法激发挑战命运的勇气和决心，不善于在现实中寻找答案。古今中外的成功者，无不是凭借自己的努力奋斗，掌控命运之舟，在波峰浪谷间破浪扬帆的。

每个人都要努力做命运的主人，不能任由命运摆布自己。历史上的一些名人都是我们学习的榜样，他们大多遭遇过这样那样的挫折，但他们没有屈服于命运，而是向命运发起了挑战，最终战胜命运，成为了自己的主人，成了命运的主宰。

第三章

只要有勇气，命运就会改变

优秀的人需要勇气、需要胆识、需要气魄、需要开拓进取，去做别人不敢做的事。这胆识是一种大智大勇，有了它我们才可以力挽狂澜。正如歌德所说：你若失去了财产，你只失去了一点；你若失去了荣誉，你就丢掉了许多；你若失掉了勇敢，你就把一切都失掉了！如果你想得到，一定要有勇敢面对困难的态度。狭路相逢勇者胜，为了胜利一定要勇敢坚韧。

不怕负重，更要进取

在遭遇苦难、肩挑重担时，不妨自豪地说一句，上帝把沉重的十字架挂在我的脖子上，那是因为：我驮得动！让生命负重，其实就是让人在压力下得到锻炼、增长才干。就像船，没有负重的船会被大浪掀翻；就像心灵，没有思想的心灵会飘浮如云。

有两名大学生，毕业后进了某公司的同一个办公室。大学生甲出生在农村，为人老实而踏实；大学生乙自幼在城市长大，为人圆滑，善搞人际关系。刚开始，两人分别干着分配给自己的那份工作，都干得很卖劲，也干得很不错。不久，大学生甲发现主任竟把一些本属于乙的工作分给自己做，每天忙得像个陀螺转个不停，而乙却无所事事。后来，听别人说乙的父亲同办公室主任关系密切。他虽心里不快，但想了想最终忍气吞声，继续默默干着。

但到后来，事情越来越出格，甲每天要干的事越来越多，几乎把乙的工作全做了，每天要加班到很晚，而乙却到办公室坐坐就走了。甲觉得自己像一头老黄牛，背负的东西越来越沉，他终于忍无可忍，请了假回到乡下，准备辞职外出闯天下。乡下的父亲听了儿子的诉苦，反而高兴地说：“真的，你真是一个人能把两个人干的事都做了？”

“整天累个半死，工资又不多拿一分，有啥可高兴的？”儿子没好气地说。

父亲没有说话，随手拿了两张纸，使劲扔出一张，那纸飘飘摇摇落在跟前，然后老父亲又从地上捡了一块石头包进另一张纸里，随手一扔就扔出很远。“孩子，你看石头沉吗？可加了石头的那张纸却扔得很远。年轻人多做些事，肩上压重担，能锻炼人，是好事！”

听了父亲的话甲大为振奋，回到单位仍干着原来的工作，而且更加积极、主动了。不久，他一个人干两个人的事竟也能得心应手。

一年之后，部门进行优化组合，甲荣升为办公室主任，而乙却下岗了。

在生活中，人们往往容易陷入一个误区：盲目地羡慕轻松、舒适没有压力却有着高回报的工作，可是市场经济时代还有这种工作吗？也有人希望自己的一生轻松自在、愉快无忧，没有痛苦和磨难，甚至连困难也没有，可是又有谁会如此“幸运”呢？难道没有压力和困难的人生就是幸运的吗？

有这样一则寓言：

有两艘新造的船准备出海，一艘船上装了很多货物，另一艘船却什么也不肯装。它对装满货物的船说：“老兄，你可真傻，装那么多东西压得多难受呀，你看我一身轻松，多自在啊！”

装满货物的船说：“我们之所以为船，本来就是要多装货的。什么也不装，那还叫船吗？”

出海的时间到了，它们都开始了自己的行程。起初，海上风平浪静，那艘空船得意扬扬地行驶在前面，它一再嘲笑后面那艘笨重的船。不久，大海上起了风浪，风越刮越猛，浪越来越高。装满货物的船因为重心很稳，仍平稳地在风浪中穿行。而那艘空船却被大浪掀翻，沉入了海底。

其实，人的一生要负载很多东西，比如苦难，比如沉重的生活和繁重的工作。谁也不知道自己哪天会面临哪些沉重的负荷，并把这些负荷扛在肩上风雨兼程地向前赶路。如果有些东西注定是我们无法逃避、必须面对的，我们不妨以一种积极的态度去面对。人生什么时候起跑都不算晚，关键是不怕负重、积极进取。

要有勇敢面对困难的态度

19 世纪，在英国的名门公立学校——哈罗学校常常会出现以强凌弱、以大欺小的事情。

有一天，一个强悍的高个子男生拦在一个新生面前，颐指气使地命令他替自己做事。新生初来乍到，不明白其中的“原委”，断然拒绝。高个子恼羞成怒，一把揪住新生的领子，劈头盖脸地打起来，嘴里还骂骂咧咧：“你这小子，为了让你聪明点，我得好好开导开导你！”新生被打得呲牙咧嘴，却不肯乞怜告饶。

旁观的学生或者冷眼相看，或者起哄嬉笑，或者一走了之。只有一个外表文弱的男生，看着眼前的一幕涌出了泪水，终于忍不住嚷了起来：“你到底还要打他几下才肯罢休！”

高个子朝那个又尖又细的抗议的声音望去，一看也是个瘦弱的新生，就恶狠狠地骂道：“你这个不知天高地厚的家伙，问这个干吗？”

那个新生用眼睛盯着他，毫不畏惧地回答：“不管你还要打几下，让我替他忍受一半的拳头吧。”

高个子听到这出人意料的回答，不禁怯懦地停住了手。

从那儿以后，学校里反抗恶行暴力的声音开始响起，帮助弱者的善举也逐渐增多，两个新生也成为莫逆之交。那位被殴打的少年深感爱与善的可贵，后来成为了英国颇负盛名的大政治家罗伯特·比尔；

挺身而出、愿为陌生弱者分担痛苦的，则是扬名全世界的大诗人拜伦。

在人生的旅途中，我们也需要像拜伦一样，在别人只是畏惧地逃避或幸灾乐祸地观看时，能够拿出罕有的勇气来，为了善、为了爱，也为了启迪和震撼那些冷漠的心灵。

现实世界的很多斗争都是勇气的较量，常常是勇者得胜。只有具备一颗勇敢的心，我们才能发挥出超过平时N倍的力量，奋不顾身地冲向前方，甚至一鼓作气到达终点。这就是为什么人们在危急时刻才能爆发出巨大潜力的原因。

我国宋代柳宗元描绘的《黔之驴》的故事是这样的：

贵州本没有驴，有个喜欢多事的人用船运进一头驴来，运到之后却没有什么用途，就把它放在山脚下。一只老虎看到它是个形体高大、强壮的家伙，就把它当成神奇的东西，隐藏在树林中偷偷观看。过了一会儿，老虎渐渐靠近它，小心翼翼，不知道它究竟是个什么东西。

有一天，驴大叫起来，老虎吓了一大跳，逃得远远的，以为驴子会咬自己，非常害怕。可是，老虎来来回回地观察它，发现它并没有什么特殊本领。渐渐地，老虎听惯了它的叫声，又试探着靠近它，在它周围走动，但终究不敢向驴发起进攻。老虎又渐渐靠近驴子，进一步碰撞、倚靠、冲撞、冒犯它。驴禁不住发起怒来，开始用蹄子踢老虎。老虎感到很高兴，心里盘算着说：“它的本事不过如此罢了!”于是，跳起来大声吼着，咬断驴的喉咙，吃光了它的肉，然后才离开。

试想，如果故事中的老虎被驴的叫声吓跑，再也不敢接触它了，那老虎就永远不可能享受到这顿美餐。

道理显而易见，面对敌人一定要勇敢，你强他就弱、你弱他就强，很多时候，敌对双方的较量其实就心理上的较量。缺乏勇敢之心永远不会有大的成就，勇敢面对你的敌人，有时你会发现其实自己并不懦弱，而且还会有超出你想像的强大力量。

用微小的勇气推开成功的大门

美国心理学家斯科特·派克说过：不恐惧不等于有勇气。勇气使你尽管害怕、尽管痛苦，但还是会继续向前走。在这个世界上，只要你真诚地付出，就会发现许多门都是虚掩着的！微小的勇气，能够完成无限的成就。

不卑不亢无论是对事还是对人都有一种极强的穿透力，如果你与生俱来就拥有这种品性，那么很值得恭贺；而如果你还没有养成这种品性，那么尽快培养吧，人的生命很需要它！

有一位国王，他想委任一名官员担任重要的职务，就召集来许多威武有力、聪明过人的官员，想试试他们之中谁能胜任。

“聪明的人们，”国王说，“我有个问题，想看看你们谁能在这种情况下解决它。”国王领着这些人来到一扇大门—— 一扇谁也没有见过的最大的门前。国王说：“你们看到的这扇门是我国最大最重的门，你们有谁能把它打开？”许多大臣见了这门都摇了摇头，其他一些比较聪明一点的也只是走近看了看，没人敢去开这扇门。当这些聪明人说打不开时，其他人也都随声附和。只有一位大臣，他走到大门处，用眼睛和手仔细检查了大门，用各种方法试着去打开它。最后，他抓住一条沉重的链子一拉，门竟然开了。其实大门并没有完全关死，而是留了一条窄缝，任何人只要仔细观察，再加上点胆量助力，都会把门打开的。国王说：“你将要在朝廷中担任重要职务，因为你不光限于自己所见到的或所听到的，你还有勇气靠自己的力量冒险去试一试。”

史东是“美国联合保险公司”的主要股东和董事长，同时，也是另外两家公司的大股东和总裁。然而，他能白手起家、成就如此巨大的事业却是经历了无数次磨难的结果，或者我们可以这样说，史东的发迹史也是他运用勇气的结果。

在史东还是个孩子时，就为了生计到处贩卖报纸。有家餐馆把他赶出来许多次，他却一再溜进去，并且手里拿着更多的报纸。那里的客人为其勇气所感，劝说餐馆老板不要再把他踢出去，并且都纷纷掏钱买他的报纸。

史东一而再再而三地被踢出餐馆，屁股虽然被踢痛了，但他的口袋里却装满了钱。

史东常常会陷入沉思。“我哪一点做对了，又有哪一点做错了呢？下一次我该这样做，才能不挨踢？”这样，他用自己的亲身经历总结出了引导自己成功的座右铭：“如果你做了，没有损失，而可能会有大收获，那就放手去做。”

在史东16岁时的一个夏天，在母亲的指导下，他走进一座办公大楼开始推销保险。当他因胆怯而发抖时，就用卖报纸时被踢后总结出来的座右铭来鼓舞自己。

就这样，他抱着“若被踢出来，就试着再进去”的念头推开了第一间办公室的门。

他没有被踢出来，但那天只有两个人买了他的保险。从数量来讲，他是个失败者。然而，这是个零的突破，他从此有了自信，不再害怕被拒绝，也不再因别人的拒绝而感到难堪。

第二天，史东卖出了四份保险。第三天，这一数字增加到了六份……

20岁时，史东设立了只有他一个人的保险经纪社。开业第一天，便销出了54份保险单。有一天，他更创造了一个令人瞠目的纪录——122份。以每天8小时计算，他每4分钟就成交了一份。

在不到30岁时，他已建立了巨大的史东经纪社，成为令人称道的“推销大王”。

微小的努力能带来巨大的成功，想想当初如果史东没有胆量去推开那扇门，他就只能选择放弃了。

是啊，成功和失败之间就隔着一道虚掩的门，以小小的勇气去推开它，生活就会完全不同。

胆识是一种大智大勇

优秀的人需要勇气、需要胆识、需要气魄、需要开拓进取，去做别人不敢做的事。这胆识是一种大智大勇，有了它我们才可以力挽狂澜。

台塑在成立之初碰到了一个极大难题：公司生产的塑胶粉居然一斤也卖不出去，全部堆积在仓库里。王永庆经过调查后，得出了结论：产品销不出去的根本原因是价格太贵。

原来，王永庆在计划投资生产塑胶粉时，预计每吨的生产成本在800美元左右，而当时的国际行情价是每吨1000美元，有利可图。然而，市场是变化无常的，等台塑建成投产后，国际行情价已经跌至800美元以下。而台塑因为产量少，每吨生产成本在800美元以上，显然不具备竞争力。再加上当时外销市场没有打开，台湾岛内仅有的两家胶布机需求量不大，且认为台塑的塑胶粉品质欠佳，拒绝采用。因此，台塑的产品严重滞销也就可想而知了。

为了解决这一困境，王永庆决定：扩大生产，降低成本。

在产品严重积压时扩大生产，显然有违常理，因此，王永庆的决定遭到公司内外的一致反对。公司内部的反对意见更是激烈，他们主张请求政府通过管制进口加以保护，否则，连现有的货品都销不出去，增加产量不是会造成更加严重的库存压力吗？

而王永庆则认为，靠政府保护是治标不治本的短视行为，要想在市场上长期立足，唯一的办法就是增强自身竞争力。扩大生产虽然不一定能保证成功，但至少强于坐以待毙。

1958 年，在王永庆的坚持下，台塑进行了第一次扩建工程，使月产量在原先 100 吨的基础上翻了一番，达到 200 吨。

然而，在台塑扩建增产的同时，日本许多塑胶厂的产量也在成倍增加，成本降幅比台塑更大。相比之下，台塑公司的产品成本还是偏高，依然不具备市场竞争力。怎么办？王永庆决定继续增产。不过，增产多少呢？如果一点一点往上加，始终落在别人后面，仍然不能改变被动局面，不如一步到位。

为此，王永庆召集公司的高层干部以及专门从国外请来的顾问共商对策。会上有人提议，在原来的基础上再扩增一倍，即提高至月产量 400 吨，而外国顾问则提出增至 600 吨。

王永庆提议：增至 1200 吨。这一数字惊得在场的所有人直发呆，他们怀疑是不是听错了。

外国顾问再次建议：“台塑最初的规模只有 100 吨，如果要进行大规模扩建，设备就得全部更新。虽然提高到 1200 吨后成本会大大降低，但风险也随之增大。因此，600 吨是一个比较合理而且保险的数字。”他的意见得到了大多数人的认同。

而王永庆坚持认为：“在我们的仓库里，积压产品堆积如山，究其原因是价格太高。现在，日本的塑料厂月产量达到 5000 吨，如果我们只是小改造，成本下不来，仍然不具备竞争能力，结果只有死路一条。我们现在是骑在老虎背上，如果掉下来，后果不堪设想。只有竭尽全力，才能将老虎彻底征服！”

终于，王永庆的胆识与气魄折服了所有人，包括外国顾问在内都投了赞成票。

1960 年，台塑的第二期扩建工程如期完成，塑胶粉的月产量激增至1200吨，成本果然大幅度降低，从而具备了市场竞争的条件。此后，台塑的产品不但逐渐垄断了台湾岛内市场，而且还漂洋过海，在国际市场上站稳了脚跟，并逐步拓展领地，成为世界塑胶业的“霸主”。

与众不同的胆识是他抓住机遇、扭转乾坤的最大财富。在危难的时候，是胆识让人坚定、明智地做出别人不敢做的决定。这不是鲁莽和自负，而是胸有成竹的胆识。有位法国哲学家曾经提出过这样一个例证：假定有一匹驴子站在两堆同样大、同样远的干草之间，如果它不能决定应该先吃哪堆干草，它就会饿死在两堆干草之间。

事实上，现实生活中的驴子是绝对不会在这样的情境中饿死的，它会很快做出决定。但是，你又不得不承认真有那么些人，在需要他们出主意、想办法、做决定的时候，却像例证中的驴子那样束手无策，窘迫得进退两难。

在人生旅途中，有许多事需要我们做出决策。遇事当断则断、当行则行、当止则止，在复杂环境和逆境中能及时做出各种应变和决策，决不含糊和拖泥带水，这是一个能应付命运挑战的人所必备的心理品质。

胆识，是理性的创造，是合乎规律的举动。胆识过人，才能产生惊人的效益，开拓骄人的新局面。

会推销自己才能出人头地

古人所言“沉默是金”的年代早已一去不复返，对于现代人来说，如果不懂得适时地包装好自己的形象，把握机会推销自己，就很难有出人头地的机会。

有个有名的才女，不但琴棋书画无所不通，口才与文采也是无人可与之比肩。大学毕业后，在学校的极力推荐下她去了一家小有名气的杂志社工作。谁知，就是这样的一个让学校都引以为豪的人物，在杂志社工作不到半年就被炒了鱿鱼。

原来，在这个人才济济的杂志社内，每周都要召开一次例会，讨论下一期杂志的选题与内容。每次开会很多人都争先恐后地表达自己的观点和想法，只有她总是悄无声息地坐在那里一言不发。

她原本有很多好的想法和创意，但是她有些顾虑，一是怕自己刚刚到这里便“妄开言论”，被人认为是张扬、是锋芒毕露，二是怕自己的思路不合主编的口味，被人视为幼稚。就这样，她在沉默中度过了一次又一次激烈的争辩会。有一天，她突然发现，这里的人们都在力陈自己的观点，似乎已经把她遗忘在那里了。于是，她开始考虑要扭转这种局面。但这一切为时已晚，没有人再愿意听她的声音了，在所有人心中，她已经根深蒂固地成了一个没有实力的花瓶式人物。最后，她终于因自己的过分沉默而失去了这份工作。

我们在生活中常说沉默是金，但也不能忘了，沉默同时也是埋没天才的沙土。

或许在某种特殊的场合下，沉默谦逊确实是一种“此时无声胜有声”的制胜利器，但无论如何你也不要把它处处都当作金科玉律来信奉。在人才竞争中，你要将沉默、踏实、肯干、谦逊的美德和善于表现自己结合起来，才能更好地让别人赏识你。

记住：再好的酒也怕巷子深。如果想在现代社会谋得一席之地，除了自己努力之外，还要把握机会适时展现自身的优点。

现在是一个讲究张扬自己个性的时代，尤其是身处职场上的人们，在关键时刻恰当地张扬也就是“秀”一下，不失为引起领导注意的好方法。

一位刚从管理系毕业的美国大学生去见一家企业的老板，试图向这位总经理推销“自己”——到该企业工作。

由于这是一家很有名气的大公司，总经理又见多识广，根本就没把这个初出茅庐、乳臭未干的小伙子放在眼里。没谈上几句，总经理便以不容商量的口吻说：“我们这里没有适合你的工作。”

这位大学生并未知难而退，而是话锋一转，柔中带刚地向这位经理发出了疑问：“总经理的意思是，贵公司人才济济，已完全可以使公司获得很大成功，外人纵有天大本事，似乎也无须加以利用？再说，像我这种管理系毕业生是否有成就还是个未知数，与其冒险使用，不如拒之于千里之外，是这样吗？”

总经理沉默了几分钟，终于开口说：“你能将你的经历、想法和计划讲给我听吗？”

年轻人似乎很不给面子，他又将了总经理一军：“噢！抱歉，抱歉，我方才太冒昧了，请多包涵！不过像我这样的人还值得占用您的时间跟您一谈吗？”

总经理催促着说：“请不要客气。”

于是，年轻人便将自己的情况和想法说了出来。总经理听后，态度变得和蔼起来，并对年轻人说："我决定录用你，明天来上班，请保持过去的热情和毅力，好好在公司干吧！相信你会有用武之地的。"

逆风更适合飞翔

在生活中，很多事情你越是想远离痛苦就越觉得痛苦，越是想要放弃或逃避越是逃脱不了；父母生活在社会的底层，不能做你强有力的靠山，还要你赚钱贴补家用；你没有过人的才华，不懂得为人处世的技巧，在办公室里你要小心翼翼地做人，唯恐一时失言把别人得罪了；你没有漂亮的脸蛋、魔鬼的身材，走在人群当中不知道该用怎样的资本去高昂头颅，展露属于自己的那份自信……

其实，逆风的方向更适合飞翔。"我不怕万神阻挡，只怕自己投降。"一个人无论面对怎样的环境、面对多大的困难，都不能放弃自己的信念，放弃对生活的热爱。很多时候，打败自己的不是外部环境，而是你自己。

只要一息尚存，我们就要追求、奋斗。那么，即便遭遇再大的困难，我们都一定能化解、克服，并于逆风之处扶摇直上，做到"人在低处也飞扬"。

现今，人们传颂着一个动人的小故事：

许多年前，一个妙龄少女来到东京酒店当服务员。这是她的第一份工作，因此她很激动，暗下决心：一定要好好干！但她没想到，上司竟安排她去洗厕所！洗厕所！实话实说没人爱干，何况她从未干过粗重的活儿，细皮嫩肉，喜爱洁净，干得了吗？她陷入到困惑、苦恼之中，也哭过鼻子。这时，她面临着人生的一大抉择：是继续干下去，还是另谋职业？继续干下去——太难了！另谋职业——知难而退？人生之路岂有退堂鼓可打？她不甘心就这样败下阵来，因为她曾下过决心：人生第一步一定要走好，马虎不得！这时，同单位一位前辈及时出现在她面前，帮她摆脱了困惑、苦恼，启发她迈好人生第一步，更重要的是帮她认清了人生之路应该如何走。但他并没有用空洞的理论去说教，而是亲自做给她看。

首先，他一遍遍地抹洗着马桶，直到抹洗得光洁如新；然后，他从马桶里盛了一杯水，一饮而尽喝了下去！竟然毫不勉强。实际行动胜过万语千言，他不用一言一语就告诉了少女一个极为朴素而简单的真理：光洁如新，要点在于“新”，新则不脏，因为不会有人认为新马桶脏，也因为马桶中的水是不脏的，是可以喝的；反过来讲，只有马桶中的水达到可以喝的洁净程度，才算是把马桶抹洗得“光洁如新”了，而这一点已被证明可以办得到。

同时，他送给了她一个含蓄的、富有深意的微笑，传递给了她关注、鼓励的目光。这已经够用了，因为她早已激动得几乎不能自持，从身体到灵魂都在震颤。她目瞪口呆、热泪盈眶、恍然大悟、如梦初醒，并痛下决心：

“就算一生洗厕所，也要做一个洗厕所最出色的人！”

从此，她成为了一个全新的奋发的人；从此，她的工作质量也达到了那位前辈的高水平，当然，她也多次喝过马桶水，为了检验自己的自信心，为了证实自己的工作质量，也为了强化自己的敬业心。

坚定不移的人生信念，表现为她强烈的敬业心：“就算一生洗厕所，也要做一个洗厕所最出色的人。”这一点就是她成功的奥秘之所在；这一点使她几十年来一直奋进在成功之路上；这一点使她从卑微中逐渐崛起，直至拥有了成功的人生。

缺点并不可怕，平凡也不是闪光的坟墓。在人生旅途中，无论我们处于何种在他人看来卑微的境地都不必自暴自弃，只要我们能耐得住寂寞，心中有渴望崛起的信念，只要我们能坚定不移地笑对生活，那么我们就一定能为自己开创一个辉煌美好的未来！

勇敢面对一切困难和障碍

当我们不具备成功的天赋时，只有脚踏实地，才能让自己站稳脚跟。正如山崖上的松柏，经过无数暴风雪的洗礼，只有坚定地盘固于土地，它们才会长成坚固的树干。

一个人若不敢向命运挑战，不敢在生活中开创自己的蓝天，命运给予他的也许仅是一个枯井的地盘，举目所见将只是蛛网和尘埃，充耳所闻的也只是唧唧虫鸣。

所以，成功需要付出，希望需要汗水来实现，人生需要勤奋来铸就。

在美国，有无数感人肺腑、催人奋进的故事，主人公胸怀大志，尽管他们出身卑微，但他们以顽强的意志、勤奋的精神努力奋斗、锲而不舍，最终获得了成功。林肯就是其中的一位。

幼年时，林肯住在一所极其简陋的茅草屋里，没有窗户，也没有地板，用当代人的居住标准来看，他简直就是生活在“荒郊野外”。但是他并未放弃希望，为了希望他流再多的汗水也不会后悔。当时他的住所离学校非常远，一些生活必需品都相当缺乏，更谈不上可供阅读的报纸和书籍了。

然而，就是在这种情况下，他每天还持之以恒地走二三十里路去上学。晚上，他只能靠着木柴燃烧发出的微弱火光来阅读……

众所周知，林肯成长于艰苦的环境中，只受过一年学校教育，但他努力奋斗、自强不息，最终成为了美国历史上最伟大的总统之一。

任何人都要经过不懈努力才可能有所收获。世界上没有机缘巧合这样的事存在，唯有脚踏实地、努力奋斗才能收获美丽的奇迹。

亨利·福特从一所普通的大学毕业之后，便开始四处奔波求职，但均以失败告终。福特没有丧失对生活的希望，他依旧信心十足、自强不息、永不气馁。

为了找到一份好工作，他四处奔走。为了拥有一间安静、宽敞的实验室，他和妻子经常搬家。在短短的几年时间里，夫妻俩到底搬过几次家连他们自己都说不清了，但他们依旧乐此不疲。因为每一次搬迁，夫妇俩都有新的收获。贫困和挫折不仅磨炼了福特坚韧的性格，也锻炼了他的耐力和恒心，更使他有机会熟悉社会、了解人生，为未来新的冲刺做好思想和技术上的准备。

尽管贫困和挫折给他增添了不少麻烦，但为了实现理想福特依然勤奋努力、奋力拼搏着。功夫不负有心人，福特自强不息的精神和奋不顾身的打拼终于得到了回报。他应聘到爱迪生照明公司主发电站负责修理蒸气引擎成功，终于实现了自己的心愿。不久，他又因为工作出色而被提升为主管工程师。

坚定自强不息的信念，让它深深地根植于你的心中，它就会激发你各方面的潜能，使你勇敢面对工作中的一切困难和障碍。

努力把自己的事做得更好，就是一种创造！厨师把菜做得更美味可口，裁缝把衣服做得更美观耐穿，建筑师盖出更舒适的房屋，司机开车更安全，作家努力创作出更好的作品……都会为自己带来幸运，同时也为他人带来幸福。

无论是生活还是工作，都需要我们脚踏实地，时时衡量自己的实力，不断调整自己的方向，一步一步达到自己的目标。

下定决心就能勇往直前

“登泰山而小天下”，这是成功者的境界。如果达不到这个高度，就不会有这个视野。但是，若想达到这种境界绝非易事，人们从岱庙前起步上山，进中天门，入南天门，上十八盘，登玉皇顶，这一步步拾级而上，起初倒觉轻松，但愈到上面便愈感艰难。十八盘的陡峭与险峻曾使无数登山客望而却步。游人只有努力向前，才能登上泰山山顶，体验杜甫当年“一览众山小”的酣畅意境。

许多人都盼望长命百岁，但却并不理解生命的意义；许多人渴求事业成功，却不愿持之以恒地努力。其实，人的生命是由许许多多的“现在”累积而成的，人只有珍惜“现在”，不懈奋斗，才能使生命焕发光彩、事业获得成功。

要成功，最忌“一日曝之，十日寒之”“三天打鱼，两天晒网”。数学家陈景润为了求证哥德巴赫猜想，用过的稿纸几乎可以装满一个小房间；作家姚雪垠为了写成长篇历史小说《李自成》，竟耗费了40年心血。大量事实告诉我们：无论你有多么聪明，成功都是在踏实肯干中一步一步、一年一年积累起来的。

莎士比亚说：“斧头虽小，但多次砍劈，终能将一棵挺拔的大树砍倒。”

现在有一种流行病，就是浮躁。许多人总想着“一夜成名”“一夜暴富”。他们不扎扎实实地长期努力，而是想靠侥幸一举成功。比如投资赚钱，不是先从小生意做起，慢慢积累资金和经验，再把生意做大，而是像赌徒一般借钱做大投资、大生意，结果往往会遭到惨败。网络经济曾一度充满泡沫。有的人并没有认真研究市场，也没有认真考虑它的巨大风险，只觉得这是一个发财成名的“大馅饼”便一口吞下去，最后没撑多久便草草倒闭，白白“烧”掉了许多钞票。

俗话说，“滚石不生苔”“坚持不懈的乌龟能快过灵巧敏捷的野兔”。如果能够每天学习一小时，并坚持12年，所学到的东西一定远比坐在学校里混日子的人所学到的要多。

人类迄今为止还不曾有一项重大的成就不是凭借坚持不懈的精神而实现的。

大发明家爱迪生也如是说：“我从来不做投机取巧的事情。我的发明除了照相术外，也没有一项是由于幸运之神的光顾。一旦我下定决心，知道应该往哪个方向努力，我就会勇往直前，一遍一遍地试验，直到产生最终的结果。”

要成功，就要强迫自己一件事一件事地去做，并从最困难的事做起。有一个美国作家在编辑《西方名作》一书时，应约撰写102篇文章。这项工作花了他两年半时间。加上其他一些工作，他每周都要干整整七天。他没有从最容易阐述的文章入手，而是给自己定下了一个规矩：严格地按照字母顺序进行，绝不允许跳过任何一个自感费解的观点。另外，他始终坚持每天都首先完成困难较大的工作，再干其他的事。事实证明，这样做是行之有效的。

一个人如果想成功，就应该学习这些名人的经验，从最困难的事做起，坚持下去，总有一天你会看到成功的阳光。

成功是用勤奋跑出来的

我们很多人只看到成功者的光鲜亮丽、意气风发，我们用羡慕的眼光加以膜拜却忘了思考他们成功的原因，又或是用不屑的眼光上下打量认为他们只是“成功的侥幸者”。我们从来就看不到他们的成功是用辛勤的汗水和不懈的努力换来的。

“先天下之忧而忧，后天下之乐而乐”，以国家为己任的北宋名臣范仲淹是一位杰出的政治家、文学家。他从小就十分勤奋刻苦，为了做到心无旁骛、一心专注于读书，范仲淹到附近长白山上的醴泉寺寄宿苦读，对于各类儒家经典终日吟诵不止，不曾有片刻松弛懈怠。

“成由勤俭败由奢”，这时候的范仲淹家境并不是很差，但为了勤奋治学，范仲淹勤俭以明志，每天都会煮好一锅粥，等凉了以后把这锅粥划成若干块，然后把咸菜切成碎末，粥块就着咸菜吃即是一日三餐。这种勤奋刻苦的治学生活差不多持续了三年，家中的书籍已渐渐不能满足范仲淹日益强大的求知欲了。于是，范仲淹从家中收拾了几样简单的衣物，佩上琴剑，毅然辞别母亲，踏上了求学之路。

宋真宗大中祥符四年（1011 年），二十三岁的范仲淹来到睢阳应天府书院（今河南睢阳）。应天府书院是宋代著名的四大书院之一，书院共有校舍一百五十间，藏书达几千卷。在这里，范仲淹如鱼得水，用一贯的勤俭刻苦作风向学问的更高峰攀登。

一天，范仲淹正在吃饭，他的同窗好友（南京最高长官、南京留守的儿子）过来拜访他。发现他的饮食条件非常差，出于同窗兼同乡之情，就让人送了些美味佳肴过来。过了几天，这位朋友又来拜访范仲淹，他非常吃惊地发现，上次差人送来的鸡鸭鱼肉之类的美味佳肴都变质发霉了，范仲淹却连筷子都没动一下。他的朋友有些不高兴地说："希文兄，你也太清高了，一点吃的东西你都不肯接受，岂不让朋友太伤心了！"范仲淹笑着解释说："老兄误解了，我不是不吃，而是不敢吃。我担心自己吃了鱼肉之后，咽不下去粥和咸菜。你的好意我心领了，你可千万别生气。"朋友听了范仲淹的话，顿时肃然起敬。

范仲淹凭着这股勤奋刻苦的劲头，博览群书，在担任陕西西路安抚使期间指挥过多次战役，成功抵御了西夏的入侵，使当地人民的生活得以安定。西夏军官以"小范老子（指范仲淹）胸中有数万甲兵"互相告诫，足以看出西夏人对范仲淹的忌惮与敬畏之心，这在军事实力孱弱的北宋历史上是罕见的。

范仲淹之所以能有如此杰出的才能，得益于他素来勤奋刻苦求学的良好作风。辛勤的耕耘，自会换来丰硕的果实。

勤奋在任何时代、任何地方都是不过时的成功法宝，自古至今皆如此。

日本保险业连续 15 年排名全日本业绩第一、被誉为"推销之神"的原一平在一次大型演讲会上，用"行为艺术"给台下期待成功、前来取经的芸芸众生讲了一个走向成功的"秘诀"。大会即将开始，台下有数千人在翘首企盼、静静等待着原一平的到来，期待原一平给他们带来成功的"福音"。演讲会开始了，可原一平迟迟未到。十几分钟过后，在众人望穿秋水的期待下，姗姗来迟的原一平终于"千呼万唤始出来"。

走向讲台，看着一张张热烈期待的脸庞，原一平一句话也没说，只是坐在后边的椅子上继续地看着。半个小时后，原一平仍然没说一句话，可前来“取经”的人有的忍不住了，陆陆续续地离开会场。一个小时过后，原一平仍然是一句话也不说，就这么干耗着。这“故弄玄虚”的行为让很多人无法忍受，他们纷纷离开会场。可也有人想一探究竟，看看原一平的葫芦里卖的是什么药。在就剩下十几个人的时候，原一平终于开口说话了：“你们是一群忍耐力很好的人，我要让你们分享我的成功秘诀，但又不能在这里，要去我住的宾馆。”

于是，这十几个人都跟着原一平去了他住的宾馆。进入房间后，原一平脱掉外套，接着就坐在床上脱他的鞋子、袜子，这一系列行为让前来“捧场”的人看得莫名其妙。就在众人错愕惊讶之时，原一平亮出了他的“成功撒手锏”，他把脚板亮在众人面前，众人看到了一双布满老茧的脚。原一平最后道破了“秘诀”，说：“这些老茧就是我的成功秘诀，我的成功是用勤奋跑出来的。”

成功都是用勤奋跑出来的，想不劳而获，那个守着木桩的“待兔人”就是前车之鉴。

不要去羡慕别人的成功，用勤奋的汗水我们也可以浇灌出美丽的成功之花；更不要去怀疑别人的成功，认为其是侥幸得到的。要知道，没有任何成功是不付出辛勤的努力就能唾手可得的。

第四章

可输给别人，但绝不能输给自己

狼是绝顶聪明的，它们一次次抓伤同一只驯鹿，让那只驯鹿经过一次次的失败打击后变得信心全无，到最后它完全崩溃了，忘了自己还有反抗的能力。最后，当狼群攻击它时放弃了抵抗。所以，真正打败驯鹿的是它自己，它的敌人不是凶残的狼，而是自己孱弱的心灵。同样的道理，要让自己强大起来，唯一的方法就是挑战自己、战胜自己、超越自己。

在生活的旅途中，必须要自己做出明智选择，不要总是踩着别人的脚印走，不要总是听凭他人的摆布，而要勇敢地驾驭自己的命运、调控自己的情感，做自己的主宰、做命运的主人。

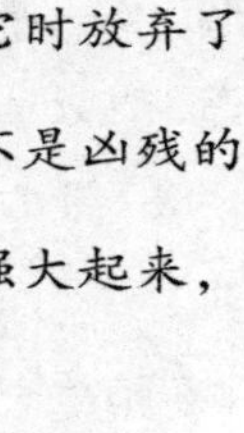

靠谁都不如靠己

人们不仅有生存的本能，更有关于人生的思考和情感。比起那些依靠本能而活的动物来，人的欲望要多得多，但并不是每个人都能够达成自己的欲望。遇到这种情况，很多人或许会抱怨命运的不公，或许在想自己的能力不够。而接下来，人们便会将这种自觉难以实现的愿望寄托于命运和他人身上。

依赖是一种习惯，在人们脆弱的时候，总希望有人能够拉自己一把。确实，当人生遇到艰难时，难免会向他人寻求帮助，但你要知道，这只是在你走不下去时的一点依靠，并不能成为你的常态活法。

人要为自己找活路，没有人能够一直帮助你，毕竟人是个体，会为了自己而奋斗，你也应当如此。为什么要将希望寄托于别人身上？我们有手有脚，不比别人差在哪里，完全没必要一味依靠别人。

人生在世，应该以一种宽大的胸怀坦荡地活着。在烦恼压身的时候，我们不能想着别人来拯救自己，而应该首先想到自救——自己为自己搭起求生的阶梯。只有这样，你才能给自己找到一个出口。

能力是属于自己的，这些别人夺不走，而别人施舍的恩赐随时可能消失，就算是为自己找退路，你也要懂得“凡事应靠自己”这个道理。在人的一生中，自己才是最大的依靠，只有成为一个名副其实的、真正掌握自己命运的舵手，自己的未来才会有希望和成功。

记得一本书中讲到过，作者从小是不被老师看重的孩子，就连他长大之后还曾经两次被公司领导辞退过。令他甚感疑惑的是，为何他如此努力却仍旧是一个失败者。

他也曾为此否定过自己，在内心做过激烈的挣扎，并且在那个时候，他甚至还被别人称为“精神病”。然而，他内心深处始终有一个声音在呐喊——靠自己坚持下去。正是凭借这样的信念，面对失败，他一次次坚强地撑过去了，其间也确实遇到了几位不错的老师。另外，在妻子的鼓励下，他最终如愿取得了心理学博士学位。

在他 54 岁那年，终于理解了“学习障碍”这个词的含义，还明白了他之所以受如此多苦难的缘故，后来他还以自身受苦的经历现身说法，给予了身边很多人帮助。

只要自己抱有十足的信心和顽强的毅力，困难就会不战而胜。他也正是凭借自己的信念跨越了各种障碍。当然，这不是别人所能给予的，因为靠谁都不如靠己。

泰戈尔曾经说过：“顺境也好，逆境也好，人生就是一场面对种种困难无尽无休的斗争，是一场敌众我寡的战斗。只有笑到最后的，才是真正的胜利者。”可以说，在信念的驱使下，在拼搏精神的照耀下，没有跨越不过去的山、迈不过去的坎儿。人是脆弱的，但没有我们想的那样脆弱，你的抗压能力在于你是否敢于去抗压。当遇到困难时，应该将别人的帮助当作最坏的策略，而不是首先应该想到它。

依靠别人生存的人，最终只会消磨自己，让自己的能力抗压每况愈下。人的能力是锻炼出来的，只有你懂得奋斗、敢于奋斗，才能成为生活的强者，成为别人能够依靠的人，而不是依靠别人的人。

“琼斯乳猪香肠”是美国人人皆知的一种美食，它的发明者叫琼斯。在琼斯发明这种美食的过程中，还有着一个感人至深的故事——琼斯与命运进行斗争。

琼斯之前在威斯康星州农场工作，那时他的生活尽管非常贫穷，但身体强壮、工作认真勤勉，生活过得比较幸福。

但是，谁都没有想到，一次意外事故改变了琼斯的命运，使琼斯瘫痪在床。在很长一段时间里，他整日生活在可怕的阴影里，每天都会抱怨老天对他的不公平。他痛苦极了，甚至连亲友都觉得他此生彻底完蛋了。

有一天，琼斯的妈妈鼓励儿子说："琼斯，我不愿意听你说生活的糟糕是上天的意愿。要知道，是你自己掌握着自己的命运。"

在接下来的几天时间里，琼斯都在深刻反思妈妈说的这句话："是啊！为什么只是埋怨上天，而想不到自己主动去改变命运呢？尽管我没有了双腿，但是我还有大脑啊！"

从那天起，琼斯每天都信心十足，同时也让家人重新燃起了希望，他决定自己致富。在那段日子里，他每天都会在心中思量积极的想法，而快速过滤掉一些消极的想法。

经过数日之后，琼斯终于告诉家人自己的致富构想："实际上，我们的农场完全可以改为种植玉米，用收获的玉米来养猪，然后趁着乳猪肉质鲜嫩时灌成香肠，将它们出售出去，我想销路一定会很好！"

果然，事情就像琼斯提前预料到的那样，待家人按他的计划准备好一切后，"琼斯乳猪香肠"真的红遍美国，成为受大众欢迎的美食，琼斯也因此彻底改变了命运，从此一家人的生活富足了起来。

尽管老天为琼斯关上了一扇门，但同时也为他开启了一扇窗。在我们每个人生活的道路上，一旦前方出现"挡路石"的时候，我们一定要凭借自己的双手，发挥自己解决问题的优势和能力。如果只是期盼别人过来拉自己一把，问题永远得不到真正意义上的解决。

俗话说得好，"天无绝人之路"，不管生活以什么样的面目对我们，我们都要始终坚信"人生没有过不去的火焰山"。琼斯之所以最后能让"琼斯乳猪香肠"一炮走红，就是因为他有着一颗坚定的心，自始至终都坚信“冬天过后春天就不会太远”。他未被眼前的绝境所吓倒，而是依靠自己的聪明才智从绝境中看到了希望，寻找到了致富的道路。

每个人的生活不可能都像春天般拥有好天气而没有风风雨雨的降临。只要自己有接受风雨的勇气和宽广的胸怀，即便被挫折打倒在地也要坚强地爬起来，重整自己的装束，以乐观的心态挑战自我、挑战命运。若是只在原地等待着不一定能够出现的帮助，那么说不定你会永远停留在原地，就算有人好心拉了你一把，在等待中你也会耗费大把时间。

在人生的路途中，我们谁也无法预知未来可能出现的各种挫折。一旦我们遭遇挫折，是否有勇气进行自我拯救，大胆地走出逆境中的泥泞，从而打开自己的“通路”呢？我们自己才是自己真正的救世主，只有自我拯救才能获得别人更多的帮助，才能在眼前出现“生”的奇迹。

要靠自己去拼搏

传奇商人王永庆曾经说过：“先天环境的好坏，并不足奇，成功的关键在于一己之努力。”俗语也说，靠山山会倒，靠人人会跑，只有自己最可靠。最好的人生，就在你自己的掌握中。人活着，最重要的是寻找到一片属于自己的世界。这个世界，是别人给不了你的，唯有自己去争取。

别人给不了我们光辉的人生，命运同样也给不了，它只能给你一个好的出身，或者是一个成功的机会，但最终的结果还是要靠自己去努力拼搏。

我们的一生总会面临很多选择，诸多选择让我们迷失了双眼。你希望得到的东西，似乎总是遥不可及。而你想要逃避的，却总是如影随形地跟在你身边。当你面对诸如此类的种种不如意时，会希望命运或是别人能来救你，但现实不是小说，更不是电影，没有那么多救世主，如果真要找，那只有一个，就是你自己。

一个墨西哥女人和丈夫、孩子一起到了美国，当一家人来到得州边界艾尔巴索城的时候，这个女人的丈夫离开了他们，不知所踪。一直依附在丈夫这棵大树下的女人变得束手无策，而两个嗷嗷待哺的孩子又使她不得不重新面对生活。

在经历了最初的茫然之后，女人决定依靠自己的努力打拼出一番事业来。虽然当时她只有几美元，但她还是毅然决然地买了一张火车票前往加州。在加州，她找到了一份在餐馆中当服务员的工作。每天她都要从半夜工作到早上 6 点钟，却只能赚到可怜的几美元。虽然钱很少，但是女人省吃俭用，努力积攒着财富。

几年之后，这个女人想用辛辛苦苦积攒的钱开一家墨西哥小吃店，专卖墨西哥肉饼。但是当时她的积蓄非常有限，还不能靠自己的力量实现愿望。因此，她拿着自己仅有的资产来到银行向经理申请贷款。她对银行的经理说："我想买下一间小房子，经营墨西哥小吃，如果你肯贷款给我，那么我的愿望就能够实现。"一个看起来普普通通的外地女人，没有财产抵押、没有担保人，就连她自己也不知道会不会成功。可是，当时那位银行经理却被她的勇气所折服，决定冒险资助。

25 岁这一年，女人终于经营起了属于自己的墨西哥肉饼店。15 年之后，这家小吃店变成了全美最大的墨西哥食品批发店。

这个女人就是大名鼎鼎的拉梦娜·巴努宜洛斯。

拉梦娜·巴努宜洛斯作为一个弱女子，又面对着无依无靠的悲惨境地，依然能通过自身的努力赢得成功，值得所有人钦佩。其实，对于任何人来讲都是如此，你如果想要赢得成功和尊重的话，就必须依靠自己的力量去奋斗。

命运给你的一切昨日都是不可逆转的，你能改变的就只有自己的未来。与其咒骂命运、祈求上天，不如相信自己，用豁出一切的勇气来走出一条不凡的人生之路。

我们都知道，太阳花具有超强的生命力，即使把它掐断再种到另一个地方，它也能活下去，而且温度越高生长得越快。然而，菟丝花虽然妖娆多姿，但总需要缠绕到别的植物上面，一旦离开了依附的树枝，它便失去了生存的空间。

我们不妨将这两种花比作人生中的强者和弱者。不难理解，那些不管是事业还是家庭都很成功的人之所以如此，是因为他们从来都不依附于他人。在别人说他不具备条件时，也绝不放弃努力，相信只有行动才能把人生引向成功，即使有些许灰心也决不后退。相较之下，那些被划为弱者族群的人往往缺乏独立意识，他们不想法凭借自己的力量去获得人生的发展，因此也就注定了只能成为自然界中的菟丝花——当依附不再，自己也就颓然倒地了。

命运不会给你安排那么多依靠，唯一靠得住的只有自己。自己的命运应该由自己掌握，再糟糕的结果也不过是人生低谷。要记住，人生只有一个最低点，只要度过了，之后的每一天都是上升期。

别把希望寄托在别人身上

现实就是这样残酷，这个世界上没有谁是你真正的靠山，你真正可以依靠的只能是自己。当人生遭遇苦难时，不要一心只想着去找“救命稻草”，你应该静下心来问问自己：“我能做什么，我会因此得到什么?”你的未来，还需要自己去努力。

有个中国大学生，以非常优秀的成绩考入了加拿大一所著名学府。初来乍到的他因为人地两疏，再加上沟通存在一定障碍、饮食又不习惯等原因，思乡之情越发浓重，没过多久就病倒了。为了治病，他几乎花光了父母给自己寄来的钱，生活渐渐陷入困境。

病好以后，留学生来到当地一家中国餐馆打工，老板答应给他每小时 10 加元的报酬。但是，还没干到一个星期他就受不了了，在国内，他可从来没做过这么“辛苦”的工作，他扛不住了，于是辞了工作。就这样，他不时依靠父母的帮助，勉勉强强坚持了一个星期，此时他身上的钱已经所剩无几。所以放假以后，他便向校方申请退学，急忙赶回了家乡。

当他走出机场时，远远便看到前来接机的父亲。一时间，他的心中满是浓浓的亲情，或许还有些委屈、抱怨——他可从来没吃过这么多苦。父亲看到他也很高兴，张开双臂准备拥抱许久不见的儿子。可是，就在父子即将拥抱在一起的刹那，父亲突然一个后撤步，儿子顿时扑了个空，重重地摔倒在地。他坐在地上抬头望着父亲，心中充满了迷惑：难道父亲因为自己退学的事动了真怒？他伸出手，想让父亲将自己拉起来，而父亲却无动于衷，只是语重心长地说道："孩子你要记住，跌倒了就要自己爬起来，这个世界上没有任何一个人会是你永远的依靠。你如果想要生存、想要比别人活得更好，只能靠自己站起来！"

听完父亲的话，他心中充满惭愧，站起来，抖了抖身上的灰尘，接过父亲递给自己的那张返程机票。

他不远万里匆匆赶回家乡，想重温一下久违的亲情，却连家门都没有进便返回了学校。从那之后，他发奋努力，无论遇到多少困难、无论跌倒多少次，都咬着牙挺了过来。他一直都记着父亲的那句话："没有任何一个人是你永远的依靠，跌倒了就要自己爬起来！"

一年以后，他拿到了学校的最高奖学金，而且还在一家具有国际影响力的刊物上发表了数篇论文。

别以为靠自己的力量不能将生命张扬，人生之路上没有什么可以阻挡你前进的脚步。别把太多的希望寄托在别人身上，没有人会永远保护你，父母终究会老去，朋友都会有自己的生活，所有外来的赐予必然会日渐远离，我们要学着给自己温暖和力量，遇到困难不要灰心、不要抑郁，越是孤单越要坚强，生命的负重还要你来托起。

你要懂得，没有人替你勇敢，没有人可以一辈子为你而活，所以要自己学会坚强。

最可靠的人是自己

人生总是会遇到意外的情况，很多人处于不利的困境时总期待借助别人的力量改变现状，殊不知，在这个世界上最可靠的人不是别人，而是你自己。要知道，靠山山会倒。为何总想着依赖别人，而不是依靠自己呢？在这个世界上，你要勇敢地做自己的上帝，因为，你的命运只能由自己来主宰。

从事个性分析的专家罗伯特·菲利浦有一次在办公室接待了一位因自己开办的企业倒闭、负债累累、离开妻女四处为家的流浪者。那人刚进门便打招呼说："我来这里是想见见该书的作者。"说着，他从口袋里拿出一本名为《自信心》的书，那是罗伯特多年前写的。

流浪者说："一定是命运之神在昨天下午把这本书放入了我的口袋里，因为我当时决定跳入密歇根湖，了此残生。我已经看破一切，认为生活已经绝望，所有的人都抛弃了我。但还好，我看到了这本书，它使我产生了新的看法，为我带来了勇气及希望，并支撑我熬过昨天晚上。我已下定决心，只要我能见到这本书的作者，他一定能帮助我再度站起来。现在，我来了，我想知道你能替我这样的人做些什么，能给我指一条明路吗？"

在他说话的时候，罗伯特从头到脚打量着这位流浪者，发现他眼神茫然、神态紧张。这一切都显示，这个人已经无可救药了，但罗伯特不忍心对他这样说。因此，罗伯特请他坐下，让他把自己的故事完完整整地说出来。

听完流浪汉的故事，罗伯特想了想说："虽然我没有办法帮助你，但如果你愿意的话，我可以介绍你去见一个人，他可以帮助你赚回你所损失的钱，并且帮助你东山再起。"罗伯特刚说完，流浪汉便立刻激动地跳了起来，他紧紧地抓住罗伯特的手说道："看在上天的份儿上，请带我去见这个人。"

他会为了"上天的份儿"而提此要求，表明他心中仍然存有一丝希望。听以，罗伯特拉着他的手，引导他来到从事个性分析的心理试验室，和他一起站在一块窗帘前。罗伯特把窗帘拉开，露出了一面高大的镜子，罗伯特指着镜子里的流浪汉说："就是这个人。在这个世界上，只有这个人能够使你东山再起，除非你坐下来，彻底认识这个人——当作你从前并未认识他——否则，你只能跳到密歇根湖里去了。因为在你对这个人未作充分的认识之前，对于你自己或这个世界来说，你都将是一个没有任何价值的废物。"

流浪汉朝着镜子走了几步，用手摸摸他长满胡须的脸孔，对着镜子里的人从头到脚打量了几分钟，然后后退几步，低下头，开始哭泣起来。过了一会儿，罗伯特领他走出电梯间，送他离去。

几天后，罗伯特在街上碰到了这个人。他已不再是一个流浪汉形象，而是西装革履，步伐轻快而有力，原来的衰老、不安、紧张已经消失不见。他说，感谢罗伯特先生让他找回了自己，并很快找到了工作，他会努力把失去的尊严找回来。

后来，那个人真的东山再起，成为了芝加哥地区的富翁。

人要勇敢地做自己的上帝，因为真正能够主宰自己命运的人就是自己，当你相信自己的力量之后，你的脚步就会变得轻快，你就会离成功的目标越来越近。只有做自己的上帝，你才能充分发挥出自身的潜能。如果你还在等待别人的帮助，那就在这一刻改变吧。

从21世纪人才的竞争态势来看，社会对人才素质的要求是很高的，除了要具备良好的身体素质和智力水平外，还必须有生存意识、竞争意识、科技意识以及创新意识。这就要求我们从现在开始注重对自己各方面能力的培养，只有使自己成为一个全面的、高素质的人，才可能在未来的竞争中站稳脚跟，取得成功。

人若失去自我，是一种不幸；人若失去自主，则是人生最大的缺憾。赤、橙、黄、绿、蓝、靛、紫，每个人都应该有属于自己的一片天地和特有的亮丽色彩。

你应该果断而毫无顾忌地向世人宣告并展示你的能力、你的风采、你的气度、你的才智。在生活的道路上，必须自己做出选择，不要总是踩着别人的脚印走，不要总是听凭他人的摆布，而要勇敢地驾驭自己的命运、调控自己的情感，做自己的主宰、做命运的主人。

善于驾驭自我命运的人，是最幸福的人。只有摆脱了依赖、抛弃了拐杖，具有自信、能够自主的人才能最终走向成功。自立自强是走入社会的第一步，是打开成功之门的金钥匙。

真正的自助者是令人敬佩的觉悟者，他会藐视困难，而困难也会在他面前轰然倒地。行动起来，因为只有你自己才能真正帮助自己。依赖别人，不如期待自己。

在困境下奋起抗争

相信很多读者都对苏联著名作家高尔基所著的《海燕》一文有着深刻印象：

在苍茫的大海上，狂风卷着乌云。在乌云和大海之间，海燕像黑色的闪电，在高傲地飞翔。一会儿翅膀碰着波浪，一会儿箭一般地直冲向乌云，它叫喊着——就在这鸟儿勇敢的叫喊声里，乌云听出了欢乐。海鸥在暴风雨来临之前呻吟着——呻吟着，它们在大海上飞蹿，想把自己对暴风雨的恐惧，掩藏到大海深处。

海鸥还在呻吟着——它们这些海鸥啊，享受不了生活的战斗的欢乐，轰隆隆的雷声就把它们吓坏了。

蠢笨的企鹅，胆怯地把肥胖的身体躲藏在悬崖底下……

只有那高傲的海燕，勇敢地、自由自在地，在泛起白沫的大海上飞翔……

而人类，也有海燕、海鸥、企鹅等多种类型。有人在困境的打击下，像海燕一样无所畏惧，积极地奋起抗争；有的人在困境的打击下，只会独自呻吟，丧失了一切勇气；有的人在困境的打击下，蜷缩在角落里，不敢去面对外面的一切……面对困境，是像海燕一样积极搏击，还是一味地“独自呻吟”“蜷缩在角落里”，决定着你人生的宽度和广度。

在 19 世纪 50 年代的美国，有一天，黑人家里的一个 10 岁小女孩被母亲派到磨坊里向种植园主索要50美分。

园主放下自己的工作，看着那黑人小女孩敬而远之地站在那里，便问道："你有什么事情吗?"黑人小女孩没有移动脚步，只是怯怯地回答说："我妈妈说想要50美分。"

园主怒气冲冲地说："我绝不会给你！你快滚回家去吧，不然我就用锁锁住你。"说完便继续做自己的工作。

过了一会儿，他抬头看到黑人小女孩仍然站在那里不走，便掀起一块桶板向她挥舞道："如果你再不滚开的话，我就用这块桶板教训你。好吧，趁现在我还……"话未说完，那黑人小女孩突然像箭镞一样冲到他前面，毫不畏惧地扬起脸来，用尽全身气力向他大喊："我妈妈需要50美分!"

慢慢地，园主将桶板放了下来，手伸向口袋里摸出50美分给了那个黑人小女孩。她一把抓过钱去，便像小鹿一样推门跑了。园主目瞪口呆地站在那里思考着这奇怪的经历——一个黑人小女孩竟然毫无惧色地面对自己，并且镇住了自己，而在这之前，整个种植园里的黑人们似乎连想都不敢想。

小女孩的勇敢让她最终得到了她妈妈需要的50美分。而如果她也像海鸥一样，面对困难只会呻吟，那么她也会同其他黑人一样不敢忤逆园主的，当然更不可能提要钱的事了。所以，不管遇到什么困难，我们都要做积极勇敢的海燕，而不要做呻吟的海鸥。

把自己“逼”上巅峰

把自己“逼”上巅峰，首先要给自己一片没有后路的悬崖，这样才能发挥出最大的能量，力挽狂澜的秘密就在于此。

中国有句成语叫作“背水一战”。它的意思是背靠江河作战，没有退路，我们常常用它来比喻决一死战。背水一战，其实就是把自己的后路斩断，以此将自己逼上“巅峰”，这个成语来源于《史记·淮阴侯列传》。这个典故对于身处苦境中的人来说，至今仍有着很大的启示意义。

韩信是汉王刘邦手下的大将，为了打败项羽、夺取天下，他为刘邦定计，先攻取了关中，然后东渡黄河，打败并俘虏了背叛刘邦、听命于项羽的魏王豹，接着韩信开始往东攻打赵王歇。

在攻打赵王时，韩信的部队要通过一道极狭的山口——井陉口。赵王手下的谋士李左车主张一面堵住井陉口，一面派兵抄小路切断汉军的辎重粮草，这样韩信小数量的远征部队没有后援，就一定会败走。但大将陈余不听，仗着兵力优势，坚持要与汉军正面作战。韩信了解到这一情况，不免对战况有些担心，但他同时心生一计。他命令部队在离井陉30里的地方安营，到了半夜，让将士们吃些点心，告诉他们打了胜仗再吃饱饭。随后，他派出两千轻骑从小路隐蔽前进，要他们在赵军离开营地后迅速冲入赵军营地，换上汉军的旗号；同时，又派一万军队故意背靠河水排列阵势来引诱赵军。

到了天明时分，韩信率军发动进攻，双方展开了激战。不一会儿，汉军假意败回水边阵地，赵军全部离开营地前来追击。这时，韩信命令主力部队出击，背水结阵的士兵因为没有退路，也回身猛扑敌军。赵军无法取胜，正要回营，忽然发现营中已插遍了汉军的旗帜，于是只好四散奔逃。汉军乘胜追击，以少胜多，打了一个大胜仗。

在庆祝胜利的时候，将领们问韩信："兵法上说，列阵可以背靠山，前面可以临水泽，现在您让我们背靠水排阵，还说打败赵军再饱饱地吃上一顿，我们当时并不相信，但最后竟然取胜了，这是一种什么策略呢?"

韩信笑着说："这也是兵法上有的，只是你们没有注意到罢了。兵法上不是说'陷之死地而后生，置之亡地而后存'吗？如果是有退路的地方，士兵都逃散了，怎么能让他们拼死一搏呢!"

所以，在生活中，当我们遇到困难与绝境时，也应该如兵法中所说"置之死地而后生"，要有背水一战的勇气与决心，这样才能发挥出最大的能量，将自己逼上生命的巅峰。在这种情况下，事情往往会出现极大的转机。

给自己一片没有退路的悬崖，把自己"逼"上巅峰，从某种意义上说，是给自己一个向生命高地冲锋的机会。如果我们想改变自己的现状、改变自己的命运，那么首先应该改变自己的心态。只要有背水一战的勇气与决心，我们便一定能够突破重重障碍，走出绝境。

所以，我们要保持这样的心态，在使自己处于不断积极进取的状态时，就能形成自信、自爱、坚强等品质，这些品质可以让你的潜能源源涌出。你若是想改变自己的处境，那么就应改变自己身心所处的状态，勇敢地向命运发出挑战。一旦你决心背水一战、拼死一搏，你便可以把自己蕴藏的无限潜能充分发挥出来，创造奇迹，做出令人瞩目的成绩来，登上命运的巅峰。

与其抱怨不如去改变

在现实生活中，我们难免会遭遇挫折与不公正待遇。每当这时，有些人往往会产生不满，不满通常会引起牢骚，希望以此引起更多人的同情、吸引别人的注意力。从心理学角度讲，这是一种正常的心理自卫行为。但这种自卫行为同时也是许多人心中的痛，牢骚、抱怨会削弱责任心，降低工作的积极性，这几乎是所有人都为之担心的问题。

通往成功的征途不可能一帆风顺，遭遇困难是常有的事。事业的低谷、种种的不如意让你仿佛置身于荒无人烟的沙漠中，没有食物也没有水。这种漫长的、连绵不断的挫折往往比那些虽巨大但却可以速战速决的困难更难战胜。在面对这些挫折时，许多人不是积极地去找一种方法化险为夷、绝处逢生，而是一味地发牢骚，抱怨命运的不公平，抱怨生活给予他的太少，抱怨时运的不佳。

奎尔是一家汽车修理厂的修理工，从进厂的第一天起他便开始喋喋不休地抱怨，“修理这活儿太脏了，瞧把我身上弄的”“真累呀，我简直讨厌死这份工作了”……每天，奎尔都在抱怨和不满的情绪中度过。他认为自己在受煎熬，就像奴隶一样卖着苦力。因此，奎尔每时每刻都窥视着师傅的眼神与行动，稍有空子便偷懒耍滑、敷衍了事。

转眼几年过去了，当时与奎尔一同进厂的三个工友各自凭着精湛的手艺，或另谋高就，或被公司送进大学里进修，唯独奎尔还在抱怨声中当着修理工。

提及抱怨与责任，有位企业领导者一针见血地指出过："抱怨是失败的一个借口，是逃避责任的理由。这样的人没有胸怀，很难担当大任。"如果仔细观察任何一个管理健全的机构你便会发现，没有人会因为喋喋不休的抱怨而获得奖励和提升。这是再自然不过的事了。想像一下，船上的水手如果总是不停地抱怨：这艘船怎么这么破，船上的环境太差了，食物简直难以下咽．以及有一个多么愚蠢的船长。那么这时你认为该名水手的责任心有多大，对工作会尽职尽责吗？假如你是船长，你是否敢让他做重要的工作？

如果你受雇于某家公司，那么就应对工作竭尽全力、认真负责。只要你依然还是集体中的一员，就不要谴责与伤害它，否则你只会诋毁自己的公司，同时也断送掉自己的前程。如果你对公司、对工作有满腹的牢骚而无从宣泄时，就请做个选择吧。一是选择离开，到公司的门外去宣泄。而当你选择留在这里的时候，就应该做到在其位谋其政，全身心地投入到公司的建设上来，为更好地完成工作而努力。记住，这是你的责任。

一个人的发展往往会受到诸多因素影响，这些因素有很多是自己无法把握的，工作不被认同、职业发展受挫、上司待人不公平、别人总戴着有色眼镜看自己……这时，能够拯救自己出泥潭的只有自己，与其抱怨不如去改变。

比尔·盖茨曾告诫初入社会的年轻人：社会是不公平的，这种不公平遍布于个人发展的每一个阶段。在这个现实面前任何急躁、抱怨都没有益处，只有坦然地接受这一现实并努力去寻求改变的方法，才能扭转这种不公平，使自己的事业有进一步发展的可能。

学会编织自己的人生遮雨伞

你所有的不幸，只能算是生命之歌中不协调的颤音。通过调整与努力，仍然可以奏出动听的乐章来，同样可以博得满堂的喝彩！为你伴奏的人不必太多，不要总是把目光盯在别人身上，不该把别人的缺失当作自己堕落的理由。

如果一个人，不信任自我，不承认自我，不去发展自我，他还能做什么？扶不起的阿斗，就算别人想帮，又能帮得了多少？人生这条路，没人能够抬着你走完，寄希望于自我才是最可靠、最有益的成功法则。

多年前，美孚石油公司董事长贝里奇到开普敦巡视工作。在卫生间里，他看到一名黑人小伙子跪在地板上擦水渍，并且每擦一下就虔诚地叩一下头。贝里奇感到很奇怪，问他为什么要这样做？黑人小伙子回答说，他正在感谢一位圣人。

贝里奇为自己的下属公司拥有这样的员工感到欣慰，接着又问他为何要感谢那位圣人？黑人小伙子说，是圣人帮他找到了这份工作，使他终于有了饭吃。

贝里奇笑了，对他说："我曾遇到过一位圣人，他使我成为美孚石油公司的董事长，你愿见他一下吗？"

黑人小伙子感激地说："我是个孤儿，从小靠锡克教会养大，我很想报答养育过我的人，这位圣人若能让我除了吃饭之后还有余钱，我愿去拜访他。”

贝里奇告诉他：“在南非有一座很有名的山，叫作大温特胡克山。那上面住着一位圣人，可以为人指点迷津，凡是能遇到他的人都会前程似锦。20 年前，我来南非登上过那座山，正巧遇到他，并且得到了他的指点。假如你愿意去拜访，我可以向你的经理说情，准你一个月的假。”

这个黑人小伙子在 30 天的时间里，一路披荆斩棘、风餐露宿，过草甸、穿森林，历尽艰辛，终于登上了白雪覆盖的大温特胡克山，他在山顶上徘徊了一天，除了自己之外，什么都没有遇到。

黑人小伙很失望地回来了．他遇到贝里奇后说的第一句话便是：“董事长先生，一路间我处处留意，直到山顶，我发现除了自己之外，根本就没有什么圣人。”

贝里奇说：“你说得很对，除了你之外，根本就没有什么圣人。”

20 年后，这个黑人小伙子当上了美孚石油公司开普敦分公司的总经理，他的名字叫贾姆纳。

当你发现自我的那一天，就是你遇到圣人的时候。这个世界上，有谁会在看穿你的软弱之后一直默默替你坚强着？不要叹息，世界就是这么现实，只有强者才能适应它的规则。人，总要学着自己长大，然后再学会那些所谓的坚强，最后才能实现自己的梦想。我们只有让自己的内心真正强大起来，才不会让别人看到你的软弱。

人生没有如果，很多事情轮不到我们选择，但我们可以依靠自己的努力去争取不一样的结果，让自己更有尊严地活在这个世界上。生活大抵是公平的，它不会让一直奋斗的人一无所获，我们的生命再卑微也有在阳光下舒展的时候。

学着为自己建造一座避难所，那是生活中需要随时准备的，不要当风雨来临之际，一无所有地伫立在漫天的风雨里，将心灵的衣裳打湿，将自我淋落的心沮丧在无边而潮湿的深渊里。下雨的时候，我们不必寄希望于别人能够送把伞来，要学会编织自己的人生遮雨伞。当你闯过风雨、跨过泥泞，前途便是一片光明。而这一切，都在自我的辛勤创造中。

自己的苦只能自己扛

“滴自己的汗，吃自己的饭，靠人、靠天、靠祖上，不算是好汉。”人，不能拒绝长大，很多事情只有靠自己去解决。事事依赖他人，就好像坐着轮椅生活，一旦这个轮椅丢失将会寸步难行。

在人生这条路上，再多的苦，只能由自己来扛。

一条小巷，一个女人，一小罐煤气，一张简单的操作平台，拼合成了一道独特的风景。

她只卖三样小炒：尖椒肉丝、尖椒牛柳、尖椒炒鸡蛋。菜式单一，顾客却不少。

她很干净，每过一会儿就会换一副围裙，换一副袖套；她很雅致，每卖一份小炒就在装菜的快餐盒里放上一朵自己雕刻的萝卜花。“这样装在盒子里的，才好看。”她说。

也许是冲着她的小摊干净，也许是冲着雅致的萝卜花，也许是冲着她长得好看，每到饭点，她的摊前都围满了人，6～10元一份的小炒，大家都耐心地等待着。女人娴熟地翻炒着，那样子就像是一个贤惠的家庭主妇，整个过程都让人感到亲切和美丽。于是，一朵一朵素雅的萝卜花就开到了人们的饭桌上。

女人是个有故事的人。她曾经有个富裕的家，老公在市中心的繁华街段开了一间商铺，生意很是不错，她原本的工作就是相夫教子，闲时和姐妹们逛逛街、旅旅游，生活得轻松而惬意。然而很不幸，她的老公因为酒后驾驶出了事故，医院当场就下了病危通知书。女人几乎倾尽所有，赔人家的钱，救自己的老公，但最终也只是捡回了男人的半条命——他截肢了。

生活从此变得一贫如洗。年幼的孩子，瘫痪的男人，女人得一肩扛一个。有人曾劝女人带着孩子离开，这话就连她的老公也曾说过，但她很认真地告诉他们，不要再说这样的话了，无情无义的事情她做不到。

她不能出去工作，因为朝九晚五的制度让她无法照顾老公和孩子。她长得漂亮，有人曾想让她做情人，可她严词拒绝了。但一家人总不能就这样活活饿死吧。想了又想，她决定摆摊卖小炒，虽然会很累，虽然会让熟人看不起，但只要中午和傍晚两个饭点出来就可以了，这样她会有更多的时间照顾家里那不能自理的两个人。

老公说，街上那么多家饭店，你这家庭主妇的手艺能卖得出去吗？女人一想，也是，总得有个让人记着的卖点吧？于是，她想到了萝卜花。她从小手就巧，以前生活清闲，有大把的时间布置一顿雅致的晚餐，她总是喜欢雕萝卜花做装饰。一根根再普通不过的胡萝卜、“心里美”萝卜，到了她手里就能开出一朵朵美丽的小花来。女人为自己的这个小“创意”暗自欣喜了一番。

就这样，她的小摊子摆开了，而且很快便成为这条街上的一道独特风景线。街上的人如果不愿意做菜，自然而然就会想到她的萝卜花。她的生意就这样慢慢红火了起来。有人开玩笑地问女人，这么好的生意，攒了不少钱吧？她笑而不答。

不到两年的光景，女人竟出人意料地用她积攒的钱盘下了一家临街的饭店。她在后厨配菜，她的瘫痪男人则在前台管账。她还是那样干净、雅致，所有的菜肴里依然会放上一朵自己雕刻的萝卜花。

“菜不但是吃的，也是用来看的。”她说，眼波明亮，流光溢彩。

一旁的男人，气色也很好，丝毫不见颓废的样子。

女人的饭店渐渐出了名，提起萝卜花来无人不知。

生活也许会让你陷入孤苦无助的低谷，但如果你能用自己的双肩把生活的苦扛起来，在低谷中也能盛开美丽的萝卜花。

逆境，并不意味着绝境，更何况还能“置之死地而后生”。是生是死，一切都取决于我们自己。谁能直面人生的惨淡、敢于正视鲜血的淋漓，那么所有的一切对他来说只会是一场挫折游戏。

第五章

坚定信念，再难的日子都会度过

漫漫人生路，人在旅途，难免会遇到荆棘和坎坷，但风雨过后一定会有美丽的彩虹。任何时候都要抱有乐观的心态，任何时候都不要丧失信心和希望。失败不是生活的全部，挫折只是人生的插曲。虽然机遇总是飘忽不定，但朋友，只要你坚持、只要你乐观，就能永远拥有希望，走向幸福。

凭着信念突破生命的极限

如果没有信念，那我们的一生只能沦于平庸。

信念其实并不高，不过是困境中的一种心理寄托。就像是饥渴时的一只苹果，就算不吃只是看着，也足以让自己度过难耐的时刻；就像是溺水后的一只救生圈，只要牢牢抓住不放，坚定活下去的信心，就一定能看到生的希望。一个坚持自己信念的人，永远也不会被困难吓倒，因为信念是打开枷锁的钥匙，它可以将你从恶劣的现状中解救出来，还你意料之外的圆满结局。

正因为有美好的追求才诞生了无数斑斓的梦想，正因为有坚强的信念才催生了无数坚挺的身影。信念的力量是伟大的，它支撑着人们生活、催促着人们奋斗、推动着人们进步，正是它，创造了世界上一个又一个奇迹。在生命最脆弱的危急时刻，信念能让你爆发出超乎自己想像的力量。

天才小提琴家马莎患有癫痫症，一直通过服药控制病情。直到有一天药物都不起作用了，医生无奈之下割除了她一部分脑叶。之后她动过许多次手术，但奇怪的是，每一次手术都没有影响到她的演奏能力。后来医生才发现，原来在马莎很小的时候她的大脑就已遭到破坏，原脑叶的演奏能力神奇地被其他脑叶所取代。

一个大脑遭到破坏的人竟有如此非凡的成就简直就是一个奇迹，而这个奇迹的创造不能不说是由马莎坚强的信念所支撑并产生的。信念的力量是惊人的，它可以改变恶劣的现状，带给人们无限的希望，缔造令人难以置信的神话。一个没有信念或者不坚持信念的人，只能平庸地度过一生；而一个坚持信念的人，永远也不会被困难击倒。信念是推动一个人走向成功的动力，拥有信念的人永远不会被眼前的困难吓倒，也不会迷失前进的方向，因为其心里只有永不放弃的目标。

著名的胡达·克鲁斯老太太在70岁高龄之际才开始学习登山，别人都认为她的举动只不过是闹着玩，她那老迈的身体根本不可能登上多高的山峰。但老太太始终坚信一个人能做什么事不在于年龄的大小，而在于怎么做。她凭着自己坚定的信念，一次次突破生命的极限，最后成功登上了几座世界上很有名的高山。而且她还在95岁那年成功登上了日本的富士山，打破了攀登此山年龄的最高纪录。

影响我们人生命运的绝不是环境，而是我们持有什么样的信念。当信念开始在心中矗立起来时，我们离成功的目标就越来越近了。

事实上，生活中谁都难免遭遇“溺水”的困境。而无论遭受多少艰难、无论经历多少困苦，只要一个人的心中不失却信念的力量，总有一天，他会突出重围，让生命之花绽放得更加灿烂。

好心态才会有好人生

在生活中，经常可以看到互不相让的争吵场面，也经常听到有人怨声载道地抱怨，要么是工作方面，要么是福利方面，要么是朋友、同事、邻里、婆媳关系方面，其实这些争吵与抱怨完全可以避免。这就涉及到了一个心态和心境的问题。

拥有好心境的人，看别人、看自己都是美丽的；拥有好心境的人，宽容、耐心、细心；拥有好心境的人，有善心、爱心；拥有好心境的人，有好人缘、好前程；拥有好心境的人，积极、乐观。

世界上所有的事情都是客观的，不以人的情绪为转移，就算你再痛苦、再难过，也改变不了已经发生的事情。所谓坏，也不过是自己的心对它下的定义。好的程度、坏的程度，都是你的心衡量出来的，事情对你的影响程度也是你自己用心臆造出来的。你的心的判断，决定了你的态度、决定了你的心情，而你的心情又决定了你的生活、决定了你以后做事情的质量。

世间的任何事情，你都可以用两种态度去看它，一种是阳光的，另一种是黑暗的。这就像钱币，存在正反两面，这一正一反就是心态，它完全取决于你的态度。

有不少人，当自己经过一段时间的努力而没有达到预定目标时便会灰心丧气，认为这件事自己永远都办不到，从而忽视了自身力量的壮大和外界条件的改变，于是放弃了实现目标的努力。久而久之，形成了思维定式，套在失败的教训中爬不出来，以至于丧失掉唾手可得的机会，最终一事无成。

阳光的心态会使人快乐向上、充满希望、拥有朝气；黑暗的心态则会使人失落、难过，失去快乐感。你认为自己是什么样的人，你就会成为什么样的人。喜与悲、成和败，仅仅系于一念之间，这一念即是心态，心态决定命运。既然心态如此重要，那么怎样才能保持一种积极向上的心态呢？

想拥有一个好的心态，关键要学会调节自己。最简单有效的做法是：用积极的心理暗示替代消极的心理暗示。当你想说“我不行，我太差劲儿”的时候，要马上替换成“不，我还有希望，我一定能行”。

唯有你自己觉得能行的时候，一切才会有“行”的可能。

做事没有任何借口

没有人与生俱来就会表现出能与不能，是你自己决定要以何种态度去对待问题。保持一颗积极、绝不轻易放弃的心态去面临各种困境，而不要让借口成为你工作中的绊脚石。

世界上最容易办到的事是什么？很简单，就是找借口。狐狸吃不到葡萄，它就找出一个借口：葡萄是酸的。我们都讥笑狐狸的可怜，但我们又不自觉地会为自己找借口。

在我们的日常生活中，常会听到这样一些借口：上班晚了，会有“路上堵车”“闹钟坏了”的借口；考试不及格，会有“出题太偏”“题目太难”的借口；做生意赔了本有借口，工作、学习落后了也有借口……只要有心去找，借口总是会有。

久而久之，就会形成这样一种局面：每个人都努力寻找借口来掩盖自己的过失，推卸自己本应承担的责任。于是，所有的过错你都能找到借口来承担，借口让你丧失了责任心和进取心，这对你的生活和工作都是极其不利的。

没有人与生俱来就表现出能与不能，是你自己决定要以何种态度去直面问题。保持一颗积极、绝不轻易放弃的心去直面各种困境，而不要让借口成为你工作和生活中的绊脚石。

年轻的亚历山大继承了马其顿的王位后，拥有广阔的土地和无数的臣民，可这并不能满足他的野心。一次，亚历山大因一场小型战争而离开故乡，他的目光被一片肥沃的土地吸引，那里便是波斯王国。于是，他指挥士兵向波斯大军发起进攻，并在一场又一场战斗中打败了对手。亚历山大为了抵达世界的尽头，率领部队向东进入到一片未知的土地。20 多岁的时候，他就已经击败了阿富汗的地区头领。接着，他又很快对印度半岛上的王侯展开了猛烈进攻……

在仅仅十多年的时间里，亚历山大就建立起了一个面积超过 200 万平方英里的帝国。因为他在任何情况下都不找借口，即使是条件不允许，他也会毫不犹豫地去创造条件。

做事没有任何借口，条件不足，创造条件也要上。美国成功学家拿破仑·希尔说过这样一段话："如果你有自己系鞋带的能力，你就有上天摘星的机会！"让我们改变对借口的态度，把寻找借口的时间和精力用到努力工作中来。因为工作中没有借口，失败没有借口，成功也不属于那些找借口的人！

第二次世界大战时期的著名将领蒙哥马利元帅在他的回忆录《我所知道的二战》中讲述过这样一个故事：

"我要提拔人的时候，常常把所有符合条件的候选人集合到一起，给他们提一个我想要他们解决的问题。我说：'伙计们，我要在仓库后面挖一条战壕，8 英尺长、3 英尺宽、6 英寸深。'说完就宣布解散。我走进仓库，通过窗户观察他们。

"我看到军官们把锹和镐都放到仓库后面的地上，开始议论我为什么要他们挖这样浅的战壕。他们有的说 6 英寸还不够当火炮掩体。其他人则争论说，这样的战壕太热或太冷。还有一些人抱怨他们是军官，这样的体力活儿应该是普通士兵的事。最后，有个人大声说道：'我们把战壕挖好后离开这里，那个老家伙想用它干什么，随他去吧！'。

最后，蒙哥马利写道："那个家伙将会得到提拔，我必须挑选一个不找任何借口就能完成任务的人。”

一万个叹息抵不上一个真正的开始。不怕晚开始，就怕不开始。没有第一步，就不会有万里长征；没有播种，就不会有收获；没有开始，就不会有进步。因此，你千万不要找借口，再困难的事只要你尝试去做，也比推辞不做要强。

不要丧失信心和希望

“不经历风雨，怎能见彩虹”，任何一次成功的获得都要经过艰辛的奋斗和痛苦的磨炼才能拥有。

老鹰是世界上寿命最长的鸟类，它可以活到 70 岁。要活那么长的寿命，它在 40 岁时就必须做出艰难却重要的决定。

当老鹰活到 40 岁时，它的爪子开始老化，无法有效地抓住猎物。它的喙变得又长又弯，几乎碰到胸膛。它的翅膀变得十分沉重，因为它的羽毛长得又浓又厚，使得飞翔变得十分吃力。

它只有两种选择：等死，或经过一个十分痛苦的更新过程。

老鹰要经过 150 天漫长的历练，很努力地飞到山顶，在悬崖上筑巢。停留在那里，不得飞翔。

老鹰首先用它的喙击打岩石，直到完全脱落。然后静静地等候新的喙长出来。

它会用新长出的喙把指甲一根一根地拔出来。当新的指甲长出来后，它们便把羽毛一根一根地拔掉。5 个月以后，新的羽毛长出来了。这个时候，老鹰才能开始飞翔，重新获得剩余 30 年的生命！

在我们的生命中，有时候也必须做出艰难的决定，之后才能获得重生。我们必须把旧的习惯、旧的传统抛弃，使我们可以重新飞翔。只要我们愿意放下旧的包袱，愿意学习新的技能，我们就能发挥我们的潜能，创造新的未来。

乔·路易斯，世界十大拳王之一，可以说是历史上最为成功的重量级拳击运动员，在长达12年的时间里，他曾经让25名拳手败在自己拳下。

自从上学以后，乔伊·巴罗斯就成了同学嘲弄的对象。也难怪，放学后，其他18岁的男孩子从事篮球、棒球这些“男子汉”的运动，可乔伊却要去学小提琴！这都是因为巴罗斯太太望子成龙心切。20世纪初，黑人还很受歧视，母亲希望儿子能通过某种特长改变命运，所以从小就送乔伊去学琴。那时候，对于一个普通家庭来说，每周50美分的学费是个不小的开销，但老师说乔伊有天赋，乔伊的妈妈觉得为了孩子的将来，省吃俭用也值得。

但同学不明白这些，他们给乔伊取了个外号叫“娘娘腔”。一天，乔伊实在忍无可忍，用小提琴狠狠砸向取笑他的家伙。一片混乱中，只听“咔嚓”一声，小提琴裂成了两半儿——这可是妈妈节衣缩食给他买的。泪水在乔伊的眼眶里打转，周围的人一哄而散，边跑边叫：“娘娘腔，拨琴弦的小姑娘……”只有一个同学既没跑，也没笑，他叫瑟斯顿·麦金尼。

别看瑟斯顿长得比同龄人高大魁梧、一脸凶相，其实他是个热心肠的好人。虽然还在上学，但瑟斯顿已经是底特律“金手套大赛”的卫冕冠军了。“你要想办法长出些肌肉来，这样他们才不敢欺负你。”他对沮丧的乔伊说。瑟斯顿不知道，他的这句话不但改变了乔伊的一生，甚至影响了美国一代人的观念。虽然日后瑟斯顿在拳坛上没有取得什么惊人的成就，但因为这句话，他的名字被载入了拳击史册。

当时，瑟斯顿的想法很简单，就是带乔伊去体育馆练拳击。乔伊抱着支离破碎的小提琴跟着瑟斯顿来到体育馆。“我可以先把旧鞋和拳击手套借给你，”瑟斯顿说，“不过，你得先租个衣箱。”租衣箱一周要50美分，乔伊口袋里只有妈妈给他这周学琴的50美分，不过琴已经坏了，也不可能马上修好，更别说去上课了。乔伊狠狠心租下衣箱，把小提琴放了进去。

开头几天，瑟斯顿只教了乔伊几个简单的动作，让他反复练习。一个礼拜快结束时，瑟斯顿让乔伊到拳击台上来，试着跟他对打。没想到，才第三个回合，乔伊一个简单的直拳就把“金手套”瑟斯顿击倒了。爬起来后，瑟斯顿的第一句话就是：“小子，把你的琴扔了！”

乔伊没有扔掉小提琴，但他发现自己更喜欢拳击，每周50美分的小提琴课学费成了拳击课的学费，巴罗斯太太懊恼了一阵后，也只好听之任之。不久，乔伊开始参加比赛，渐渐崭露头角。为了不让妈妈为他担心，乔伊悄悄把名字从乔伊·巴罗斯改成了乔·路易斯。

5年以后，23岁的乔已经成为重量级世界拳王。1938年，他击败了德国拳手施姆林，当时德国在纳粹统治之下，因此乔的胜利意义更加重大，他成了反法西斯者心中的英雄。但巴罗斯太太一直不知道人们说的那个黑人英雄就是自己“不成器”的儿子。

漫漫人生路，人在旅途，难免会遇到荆棘和坎坷，但风雨过后一定会有美丽的彩虹。任何时候都要抱有乐观的心态，任何时候都不要丧失信心和希望。失败不是生活的全部，挫折只是人生的插曲。虽然机遇总是飘忽不定，但朋友，只要你坚持、只要你乐观，你就能永远拥有希望，走向幸福。

放低姿态，没有满足

《伊索寓言》中有这样一个故事：

有一只狐狸喜欢自夸自大，它以为森林中自己是最大的。

傍晚，它单独出去散步，走路的时候看到一个映在地上的巨大影子，觉得很奇怪，因为它从来没有见过那么大的影子。后来，它知道是它自己的影子，显得非常高兴。它平常就以为自己伟大、有优越感，只是一直找不到证据可以证明。

为了证实那影子确实是自己的，它就摇摇头，那个影子的头部也跟着摇动，这证明影子是自己的。它就很高兴地跳舞，那影子也跟着它舞动。它继续跳，正得意忘形时，来了一只老虎。狐狸看到老虎也不怕，就拿自己的影子与老虎比较，结果发现自己的影子比老虎大，就不理它，继续跳舞。老虎趁着狐狸跳得得意忘形的时候扑了过去，把它咬死了。

一个人若种植信心，他会收获品德。一个人若种下骄傲的种子，他必收获众叛亲离的果子，甚至带来不可预知的危险，就像那只自夸自大、自我膨胀的狐狸一样。

但高傲的心态却是现代人的通病。大家都想吸引别人的目光，殊不知这目光可能投来善意，也可能投来恶意。越是高调的人，越容易成为众矢之的。老子在《道德经》中说："生而不有，为而不恃，功成而不居。"又说："功成名遂，身退，天之道。"如果成功之后，只知自我陶醉，迷失于成就之中停滞不前，那就是为自己的成就画上了句号。

成功常在辛苦日，败事多因得意时。切记：不要老想着出风头。一个人的成绩都是在他谦虚好学、伏下身子踏实肯干的时候取得的，一旦骄气上升、自满自足，必然会停止前进的脚步。

有人会说，凡是骄傲者都有些本事、有些资本。你看，《三国演义》中“失荆州”的关羽和“失街亭”的马谡不是都熟读兵书、立过大功吗？这种说法其实是只看到了事情的表面，而没看到事情的本质。关羽之所以“大意失荆州”、马谡之所以“失街亭”，不正是因为他们自以为“有资本”而铸成的大错吗？

一个人有一点儿能力，取得了一些成绩和进步，便产生一种满意和喜悦感，这是无可厚非的。但如果这种“满意”发展为“满足”、“喜悦”变为“狂妄”，那就成问题了。这样，已经取得的成绩和进步将不再是通向新胜利的阶梯和起点，而成为继续前进的包袱和绊脚石，那就会酿成悲剧。

在这个世界上，谁都在为自己的成功拼搏，都想站在成功的巅峰上风光一下。但是成功的路只有一条，那就是放低姿态、不断学习。在通往成功的路上，人们都行色匆匆，有许多人就是在稍一回首、品味成就的时候被别人超越了。因此，有位成功人士的话很值得我们借鉴：“成功的路上没有止境，但永远存在险境；没有满足，却永远存在不足；在成功路上立足的最基本要点就是学习，学习，再学习。”

迎战人生的各种磨难

往往再多一点努力和坚持便会收获意想不到的成功。以前做出的种种努力、付出的艰辛，都不会白费。令人感到遗憾和悲哀的是，面对一而再再而三的失败，多数人选择了放弃，没有再给自己一次机会。

乔治的父亲辛曾经是个拳击冠军，如今年老力衰、卧病在床。有一天，父亲的精神状况不错，对他讲述了某次赛事的经过。

在一次拳击冠军对抗赛中，他遇到了一个人高马大的对手。因为他的个子相当矮小，一直无法反击，反而被对方击倒，连牙齿也被打出血了。

休息时，教练鼓励他说："辛，别怕，你一定能挺到第12局！"

听了教练的鼓励，他也说："我不怕，我应付得过去！"

于是，在场上他跌倒了又爬起来，爬起来后又被打倒，虽然一直都没有找到反攻的机会，但他却咬紧牙关支持到了第12局。

第12局眼看要结束了，对方打得手都发颤了，他发现这是最好的反攻时机。于是，他倾尽全力给了对手一个反击，只见对手应声倒下，而他却挺过来了，那也是他拳击生涯中的第一枚金牌。

说话间，父亲额上全是汗珠，他紧握着乔治的手，吃力地笑着："不要紧，有一点点痛，我应付得了。"

在人生的海洋中航行不会永远都一帆风顺，难免会遇到狂风暴雨的袭击。在巨浪滔天的困境中，我们更须坚定信念，随时赋予自己生活的支持力，告诉自己“我应付得了”。当我们有了这份坚定的信念，困难便会在不知不觉中慢慢远离，生活自然会回到风和日丽的宁静与幸福之中。唯有相信自己能克服一切困难的人，才能激发勇气，迎战人生的各种磨难，最终成就一番大业！记住，只要你有决心克服，就一定能走出人生的低谷。

卡耐基在被问及成功秘诀的时候说道：“假使成功只有一个秘诀的话，那应该是坚持。”人生道路中的很多苦难和痛苦都是如此，只要熬过去了、挺住了，就没什么大不了的。

巴顿将军在第二次世界大战后的聚会上说起过这样一段经历：当他从西点军校毕业后，入伍接受军事训练。团长在射击场告诉他：打靶的意义在于，哪怕你打偏了 99 颗子弹，只要有 1 颗子弹打中靶心，你就会享受到成功的喜悦。

对于实战经验不多的新兵来说，想要枪枪命中靶心是困难的，然而，当巴顿靶位旁的空子弹壳越来越多时，他已成了富有射击经验的老兵。

战争爆发后，巴顿将军奔波于各个战场，没有稳定感，曾一度对生活产生疑问，觉得自己就像一架战争机器，不知道战争究竟要到何年何月才是尽头。

但这一切仅仅持续了不到 7 年。这 7 年里，由于倔强刚烈的个性，巴顿所经历的挫折、失意曾经那么锋利地一次次伤害过他，令他消沉，后来他才明白：它们只不过是那一大堆空子弹壳。

生活的意义，并不在于你是否在经受挫折和磨难，也不在于要经受多少挫折和磨难，而是在于忍耐和坚持不懈。经受挫折和磨难是射击，瞄准成功的机会也是射击，但是只有经历了 99 颗子弹的铺垫，才有一枪击中靶心的结果。

只要坚持到底，就一定会成功，人生唯一的失败，就是当你选择放弃的时候。因此，当你处于困境的时候，应该继续坚持下去，只要你所做的是对的，总有一天成功的大门会为你而开。

查德威尔是第一个成功横渡英吉利海峡的女性，她没有满足，决定从卡塔林岛游到加利福尼亚。旅程十分艰辛，刺骨的海水冻得查德威尔嘴唇发紫。她快坚持不住了，可目的地还不知道有多远，连海岸线都看不到。越想越累，渐渐地她感到自己的四肢有千斤重，自己一点劲都使不上了，于是对陪伴她的船上工作人员说："我快不行了，拉我上船吧！"

"还有一海里就到了啊，再坚持一下吧。"

"我不信，那怎么连海岸线都看不到啊，快拉我上去！"看她那么坚持，工作人员就把她拉上去了。

快艇飞快地往前开去，不到一分钟，加利福尼亚海岸线就出现在眼前了，因为大雾，其只能在半海里范围内看得见。

查德威尔后悔莫及，居然离横渡成功只有一海里！为什么不听别人的话，再坚持一下呢？

拿破仑曾经说过："达到目标有两个途径——势力与毅力。势力只有少数人所有，而毅力则属于那些坚韧不拔的人，它的力量会随着时间的推移而无可抵抗。"往往，再多一点努力和坚持便会收获意想不到的成功：以前做出的种种努力、付出的艰辛，便不会白费。令人感到遗憾和悲哀的是，面对一而再再而三的失败，多数人选择了放弃，没有再给自己一次机会。所以，无论我们处于什么样的困境、遭遇多大的痛苦，都应该激励自己：我离成功只有一海里，只要熬过去就是胜利！

成功需要不屈不挠的精神

虽然屡遭痛苦，却能够百折不挠地挺住，这就是成功的秘密。所以，你一定要学会坚强。有了坚强，才有了面对一切痛苦和挫折的能力。

人生是一场面对种种困难的“漫长战役”。早一些让自己懂得痛苦和困难是人生平常的“待遇”，当挫折到来时，应该面对，而不是逃避，这样，你才能早一些坚强并成熟起来。以后的人生便会少一些悲哀气氛，多一些壮丽色彩。记住，只有顽强的人生才美丽、才精彩。

他是一个神话，一个当代最杰出的理论物理学家，一个科学名义下的巨人……或许，他只是一个坐着轮椅、挑战命运的勇士——霍金。

史蒂芬·霍金，出生于1942年1月8日，那一天刚好是伽利略逝世三百周年纪念日。

从童年时代起，运动从来就不是霍金的长项，几乎所有的球类活动他都不灵光。

进入牛津大学后，霍金注意到自己变得更笨拙了，有一两回没有任何原因就跌倒了。一次，他不知何故从楼梯上突然跌下来，当即昏迷，差一点儿死去。

直到1962年霍金在剑桥读研究生后，他的母亲才注意到儿子的异常状况。刚过完20岁生日的霍金在医院里住了两个星期，经过各种各样的检查，他被确诊患上了“卢伽雷氏症”，即运动神经细胞萎缩症。

大夫对他说，他的身体会越来越不听使唤，只有心脏、肺和大脑还能运转，到最后，心和肺也会失效。霍金被“宣判”只剩下了两年生命。那是在1963年。

霍金的病情渐渐加重。1970年，在学术上声誉日隆的霍金已无法自己走动，他开始使用轮椅。直到今天，他再也没离开过它。

永远坐在轮椅中的霍金，极其顽强地工作和生活着。

一次，霍金坐轮椅回柏林公寓，过马路时被小汽车撞倒，左臂骨折，头被划破，缝了13针。但48小时后，他又回到办公室投入到工作中。

虽然身体的残疾日益严重，但霍金却试图像普通人一样生活，完成自己所能做的任何事情。他甚至是活泼好动的——这听来有点好笑，在他已经完全无法走动之后，他仍然坚持用唯一可以活动的手指驱动着轮椅在前往办公室的路上“横冲直撞”；在莫斯科的饭店中，他建议大家来跳舞，他在大厅里转动轮椅的身影真是一大奇景；当他与查尔斯王子会晤时，旋转自己的轮椅来炫耀，结果轧到了查尔斯王子的脚趾头。

当然，霍金也尝到过“自由”行动的恶果，这位量子引力的大师级人物多次在微弱的地球引力左右下跌下轮椅，幸运的是，每一次他都顽强地重新“站”了起来。

1985年，霍金动了一次穿气管手术，从此完全失去了说话的能力，只能用三个指头和外界交流——到目前更是只剩下眼皮了。他就是在这样的情况下，极其艰难地写出了著名的《时间简史》，探索着宇宙的起源。

霍金的科普著作《时间简史——从大爆炸到黑洞》在全世界的销量已经高达 2500 万册，从 1988 年出版以来一直雄踞畅销书榜，创下了畅销书的世界纪录。

霍金的故事告诉人们，是否具有不屈不挠的精神或许是取得成就的最大因素。虽然大家都觉得他非常不幸，但他在科学上的成就却是在其病发后获得的。他凭着坚毅不屈的意志战胜了疾病，创造了奇迹，也证明了残疾并非是成功的障碍。

多一份磨砺，多一份强大

每个人都有梦想，也曾为之努力过、奋斗过，但是很多人却因为没有一颗坚强的心和持之以恒的毅力，而只能给自己的人生留下深深的遗憾。所以，我们要想成就一番事业，要想实现自己的梦想和追求，就必须努力打造一颗坚强的心。

对于一个人来说，最有用的财富不是金钱名利，也不是人际资源，而是一颗坚强的心。

一个农民，初中只读了两年，家里就没钱继续供他上学了。他辍学回家，帮父亲耕种三亩薄田。在他 19 岁时，父亲去世了，家庭的重担全部压在了他的肩上。他要照顾身体不好的母亲和瘫痪在床的祖母。

20 世纪 80 年代，农田包产到户。他把一块水洼挖成池塘，想养鱼。但乡里的干部告诉他，水田不能养鱼，只能种庄稼，他只好又把水塘填平。

听说养鸡能赚钱，他向亲戚借了 500 元钱养起了鸡。但是一场洪水后，鸡得了鸡瘟，几天内便全部死光。500 元对别人来说可能不算什么，但对一个只靠三亩薄田生活的家庭而言不啻是天文数字。他的母亲受不了这个刺激，竟然忧郁而死。

他后来酿过酒、捕过鱼，甚至还在石矿的悬崖上帮人打过炮眼……可都没有赚到钱。

35 岁的时候，他还没有娶到媳妇，即使是离异的有孩子的女人也看不上他。因为他只有一间土屋，随时有可能在一场大雨后坍塌。娶不上老婆的男人，在农村是没有人看得起的。

但他还想搏一搏，就四处借钱买了一辆手扶拖拉机。不料，上路不到半个月，这辆拖拉机就载着他冲入一条河里。他断了一条腿，成了瘸子。而那辆拖拉机被人捞起来时已经支离破碎，他只能拆开它，当作废铁卖掉。

几乎所有的人都说他这辈子完了。但是后来他却成了南方一个大城市里的一家大公司老板，拥有数亿元资产。

现在，许多人都知道了他苦难的过去和富有传奇色彩的创业经历。许多媒体采访过他，许多报告文学描述过他，其中一个访谈令人印象深刻——

记者问他："在苦难的日子里，你凭什么一次又一次毫不退缩？"

他坐在宽大豪华的老板台后面，喝完了手中的一杯水。然后，他把玻璃杯子握在手里，反问记者："如果我松手，这只杯子会怎样？"

记者说："杯子摔在地上，肯定要碎了。"

"那我们试试看。"他说。

他手一松，杯子掉到地上发出清脆的声音，但并没有破碎，完好无损。

他说："即使有 10 个人在场，他们都会认为这只杯子必碎无疑。但是，这只杯子不是普通的玻璃杯，而是用玻璃钢制作的。我之所以能战胜苦难，就因为我有一颗坚强的心。"

这样的人，即使只有一口气，他也会努力去拉住成功的手。如果他不能成功，那么还有谁能成功呢？

每个人的心中都有一个梦想和追求，也曾为之而努力过、奋斗过，但是很多人却因为没有一颗坚强的心和持之以恒的毅力便半途而废，只能给自己的人生留下深深的遗憾。所以，我们要想成就一番事业，要想实现自己的梦想和追求，就必须努力为自己打造一颗坚强的心。不管通向成功的道路是阳光灿烂还是风雨兼程，我们都要始终保持这颗坚强的心，不得有半点懈怠和屈服。相信吧，阳光总在风雨后，经历了风风雨雨、大风大浪、坎坎坷坷之后，再回味自己来之不易的成功的时候，那一定是人世间最为幸福的时刻。

第六章

心可高飞，脚要植根于勤奋的土地上

一个人要取得成功、得到财富，固然与个人的天赋、环境、机遇、学识等外部因素有很大关系，但更重要的是自身的勤奋与努力。勤奋的劳动是成功的必经之路，幸福生活的获得需要靠自己勤劳的双手去实现。勤劳是人们最宝贵的财富，是永不枯竭的财富之源。

做事越急越不会成功

在现实生活中，常有人犯浮躁的毛病。他们做事情往往既无准备又无计划，只凭脑子一热、兴头一来就动手去干。他们不是循序渐进地稳步向前，而是恨不得一锹挖成一眼井、一口吃成个胖子。结果呢，必然是事与愿违，欲速则不达。

古时候有兄弟二人，很有孝心，每日上山砍柴卖钱为母亲治病。神仙为了帮助他们，便教他们二人，可用4月的小麦、8月的高粱、9月的稻、10月的豆、12月的雪，放在千年泥做成的大缸内密封49天，待鸡叫3遍后取出，汁水可卖钱。兄弟二人各按神仙教的办法做了一缸。待到49天鸡叫2遍时，老大耐不住性子打开缸，一看里面是又臭又黑的水，便生气地洒到了地上。老二坚持到鸡叫3遍后才揭开缸盖，里边是又香又醇的酒，所以“酒”与“洒”字差了一小横。

当然，酒字的来历未必是这样，但这个故事却说明了一个深刻的道理：成功与失败、平凡与伟大，两者之间的距离往往就在一步之间，咬紧牙关向前迈一步就成功了；停住了，泄气了，只能是前功尽弃。这一步就是韧劲的较量，是意志力的较量。

我们的社会已进入改革开放的兴旺发达时期，许多新鲜的外来事物都纷纷涌了进来。花花世界的花花事物，难免会对人产生极大的诱惑，而这极大的诱惑会使人变得浮躁。许多人会想，别人可以拥有，我为什么不能拥有这些东西呢?

在这样的心态驱使下，自然就会变得浮躁起来，很想自己一下子就能取得许多物质上的东西、享受到以前享受不到的待遇。

可事情就是这样，你越着急，就越不会成功。因为着急会使你失去清醒的头脑，结果在你的奋斗过程中，浮躁占据了思维系统，使你不能正确地制订方针、策略以稳步前进。结果呢，自然会适得其反。

许多年轻人就是这样，给自己确立了“3 年计划”“5 年计划”，下定决心要在 3 年内赚 3000 万、5 年内成为一个亿万富豪。

这些年轻人之所以制订这样的计划，也许他们心中的榜样正是李嘉诚。可他们却忘了，李嘉诚之所以成功、之所以成为华人首富，不是靠什么 3 年计划、5 年计划，他是一步一个脚印，通过几十年而绝不仅仅是几年的奋斗得来的，而他的进取之路也充满了艰辛与坎坷。这些艰辛与坎坷说起来好像很轻松，一下子就过去了，但真正克服它们是需要很大毅力与意志的。一个浮躁的人，是不会这么细心地去品味这些滋味的，也许，他们甫一尝到这样的滋味就会马上退却。而李嘉诚，作为一个稳健沉着的人，他深知：这样的苦难是一定要经受的，只有战胜了这些苦难才能尝到幸福的滋味。

一个不浮躁的、稳健的人，通常也是一个不断要求自己、完善自己、使自己不断适应时代与社会变革的人。也只有这样的人，才是最终能够取得成功的人。

在这里，浮躁与稳健对于一个人成败的影响一目了然。只有不浮躁，才会承受得住成功路上的苦；只有不浮躁，才会有耐心与毅力一步一个脚印地向前迈进；只有不浮躁，才会制订一个接一个小目标，然后一个接一个地实现它，最后向大目标迈进；只有不浮躁，才不会因为各种各样的诱惑而迷失方向。

勤奋能创造最好的自己

勤奋能塑造卓越的伟人，也能创造最好的自己。大凡有所作为的人，无一不与勤奋有着深厚的渊源。

古人说得好："一勤天下无难事。"勤奋能塑造卓越的伟人，也能创造最好的自己。爱因斯坦曾经说过："在天才和勤奋之间，我毫不迟疑地选择勤奋，她几乎是世界上一切成就的催化剂。"高尔基也说过这么一句话："天才出于勤奋。"卡莱尔更激励我们说："天才就是无止境刻苦勤奋的能力。"

古今中外著名的思想家、科学家、艺术家，无不是通过勤奋耕耘走向成功的典型。

1601 年的一个傍晚，丹麦天文学家第谷·布拉赫躺卧在床上，生命垂危。他的学生——德国天文学家开普勒坐在一张矮凳上，倾听着老师临终的话："我一生以观察星辰为工作，我的目标是 1000 颗星，而现在我只观察到 750 颗星。我把我的一切底稿都交给你，你把我的观察结果出版出来……你不会让我失望吧?"

开普勒静静地坐着，点了点头，眼泪从脸颊上流了下来。

为了不辜负老师的嘱托，开普勒开始勤奋工作。但是他的继承引起了布拉赫亲戚们的妒忌，不久，他们合伙把作为遗产的底稿全部收了回去。无情的挫折没能使开普勒屈服，他日夜牢记着老师的托付——"我的目标是 1000 颗星"。开普勒顽强地进行实地观测，每天只睡几个小时，吃住都在望远镜边，践行着枯燥单调的天文工作。751，752，753……20 多年过去了，终于，在 1627 年，开普勒实现了老师的遗愿。

天才出自于勤奋，伟大来自于平凡的努力，没有人能够随随便便成功。没有细致耐心的勤奋工作，也不会成就大的事业。

所谓勤，就是要人们善于珍惜时间，勤于学习、勤于思考、勤于探索、勤于实践、勤于总结。观古今中外，凡有建树者，在其历史的每一页上无不用辛勤的汗水写着一个闪光的大字——“勤”。

德国伟大诗人、小说家和戏剧家歌德，前后花了 58 年时间，搜集了大量材料，才写出了对世界文学和思想界产生很大影响的歌剧《浮士德》。

马克思写作《资本论》，辛勤耕耘、艰苦奋斗了 40 年，阅读了数量惊人的书籍和刊物，其中做过笔记的就有 1500 种以上。

我国著名的数学家陈景润，在攀登数学高峰的道路上翻阅了国内外相关的上千份资料，通宵达旦地看书学习，取得了震惊世界的成就。

记得有人说过：“天才之所以能成为天才，只不过是因为他们比一般人更专注更勤奋罢了。”的确，没有人能只依靠天分成功。上天只能给人天分，而只有勤奋才能将天分变为天才。

任何一项成就的取得，都是与勤奋分不开的，古今中外，概莫能外。伟大的成功和辛勤的劳动是成正比的，有一分劳动就有一分收获，日积月累，积少成多，奇迹就可以创造出来。

勤奋能战胜苦难

许多年轻人在遭遇挫折与失败后，环视身边的一切，想到自己没有贵人提携相助，身无长物，没有资金傍身，运气也不站在自己这一边，相伴的只有接踵而至的苦难，看自己形影相吊、孑然一身，不禁黯然神伤，自怨自艾、自哀自怜一番，然后在孤独的夜里独自舔舐那苦难留下的伤口。然后就这样一直在苦难中堕落下去，从没想过要振作起来。然而，生活不是林黛玉，并不会因为忧伤而风情万种。

有个到处流浪的街头艺人，虽然才 40 多岁，却好似 80 岁的体格。整个人瘦骨嶙峋，看不到一点生气，形容枯槁，去医院诊断为肝癌末期，已时日无多。临终前，他把年仅 16 岁的独子叫到身边，“人之将死，其言也善”，他嘱咐儿子：“你要好好念书，不能像我一样，年轻时不肯努力，终日蹉跎岁月，以致老无所成。我年轻时好勇斗狠，日夜颠倒，抽烟喝酒，正值壮年就得了绝症。这些你要谨记在心，可别走我的老路。我没什么可以送给你，就送你两个字——勤奋。”

而他的儿子好像并没有接受“勤奋”二字。长大后的他经常在酒场、赌场厮混，打架闹事。有一次与客人发生冲突，因冲突过于激烈，以致失手将人打死。为此，他被捕坐牢，度过了几年牢狱生活。刑满出狱后，物是人非，周围的一切都变得陌生了。可能觉得自己不再适合“闯荡江湖”了，他决定痛改前非。发现不能走老路的他想找一份正当工作来做，可又苦于身无一技之长，只好下定决心，回到乡下，做些杂工以维持生计。

由于他年轻时的无端蹉跎，到知天命之年才成家。年事渐长，经历过一番风雨的他似乎渐渐懂得了父亲临死前交代的话。但如果你认为他明白了“亡羊补牢，为时未晚”的道理的话，那就错了。他感觉自己的体力一天不如一天、一年不如一年，面对无法支撑起来的家，心里充满着无限的悔恨与悲伤，然后在悲伤悔恨中自哀，仅此而已。悔恨交织的他每天只知道借酒浇愁，就这样浑浑噩噩地过完了一生。

悔恨与悲伤对眼前的境况不能起到任何改善作用，反而会让人堕入其中，从而丧失掉前进的动力，然后浑浑噩噩度日。要想取得成功、获得幸福生活，勤劳的双手才是保障。只要我们拥有勤奋的精神，就能击败苦难，赢得成功。

美国小说家马修斯说：“勤奋工作是我们心灵的修复剂，是对付愤懑、忧郁症、情绪低落、懒散的最好武器。有谁见过一个精力旺盛且生活充实的人会苦恼不堪、可怜巴巴的呢?”勤奋的人懂得在苦难中奋起，用汗水换回幸福。

李嘉诚说：“我 17 岁开始做批发的推销员，体会到了挣钱的不容易、生活的艰辛。人家做 8 个小时，我就做 16 个小时。”李嘉诚能站到华人富豪的巅峰，与他这种辛勤努力是有着直接关系的。

因此，我们要取得成功、获得幸福生活，顾影自怜是不会达到效果的，只有今天用自己辛勤的双手才能缔造幸福的明天。所以，面对悲惨的现实，不要沉浸堕落其中，行动起来吧，用辛勤的行动去撕破悲伤交织的网。

面对苦难，只会自哀自怜是没有任何用处的，勤劳才是治疗疾病与悲惨境况的最佳秘方。

克服懒惰才能免于毁灭

萧伯纳说：“懒惰就像一把锁，锁住了知识的仓库，使你的智力变得匮乏。”懒惰就像是一种精神腐蚀剂，使人变得萎靡不振。懒惰的人好逸恶劳，即便是力所能及的事情也不愿意动手去做，妄图坐享其成。能力是修炼出来的，如果凡事都袖手旁观，自身的能力就会退化。

因此，颜之推在《颜氏家训》中告诫自己的子孙说，“天下事以难而废者十之一，以惰而废者十之九”“天下无难事，只怕有心人”，勤奋用心的人不会因为事情的艰难而放弃成功的希望；懒惰才是失败的主要原因，因为懒惰会让人的智力变得贫乏、能力变得平庸。

好逸恶劳乃是万恶之源，懒惰会吞噬掉一个人的心灵。对于任何人来说，懒惰都是一种堕落的、具有毁灭性的腐蚀剂。比尔·盖茨说：“懒惰、好逸恶劳乃是万恶之源，懒惰会吞噬一个人的心灵，就像灰尘可以使铁生锈一样，懒惰可以轻而易举毁掉一个人，乃至一个民族。”

一旦染上了懒惰的陋习，就等于为自己掘下了坟墓。毫无疑问，懒惰者是不能成大事的，因为懒惰的人总是贪图安逸，遇到一点风险就裹足不前；而且生性懒惰的人还缺乏吃苦实干的精神，总想吃天上掉下来的馅饼。这种人不可能在社会生活中成为成功者，他们永远是失败者。

人们总有不劳而获的思想，克服懒惰才能免于毁灭，而付出辛勤的劳动则是唯一的方法。英国哲学家穆勒这样认为：“无论是王侯、贵族、君主还是普通市民都具有这个特点，那就是人们总想尽力享受劳动成果，却不愿从事艰苦的劳动。懒惰、好逸恶劳这种本性是如此的根深蒂固、普遍存在，以至于人们为这种本性所驱使，往往不惜毁灭其他民族，乃至整个社会。为了维持社会的和谐、统一，往往需要一种强制力量来迫使人们克服懒惰这一习性，从而不断地劳作。”

一位哲学家看到自己的几个学生并不是很认真地听讲，而且学生们对自己将来要做什么也模糊不清，于是，哲学家打算给学生上一堂特殊的课。

一天，哲学家带着自己的学生来到了一片荒芜的田地，地里早已是杂草丛生。哲学家指着田里的杂草说：“如果要除掉田里的杂草，最好的方法是什么呢?”学生们觉得很惊讶，难道这就是要上的最重要一课吗？学生们纷纷提出了自己的意见。

一个学生想了想，对哲学家说：“老师，我有个简便快捷的方法，用火来烧，这样很节省人力。”哲学家听了，点点头。另一个学生站起来说：“老师，我们能够用几把镰刀将杂草清除掉。”哲学家也同样微笑地点了点头。第三个学生说：“这个很简单，去买点除草的药，喷上就可以了。”听完学生的意见，哲学家对他们说：“好吧，就按照你们的方法去做吧。4 个月后，我们再回到这个地方看看吧!”学生们于是将这块田地分成了 3 块，各自按照自己的方法去除草。用火烧的，虽然很快就将杂草烧掉，可是过了一周，杂草又开始发芽；用镰刀割的，花了 4 天时间，累得腰酸背疼，终于将杂草清除一空，看上去很干净了，可是没过几天又有新的杂草冒了出来；喷洒农药的，只是除掉了杂草裸露在地面上的部分，根本无法消灭杂草。几个学生失望地离开了。

4 个月过去了，哲学家和学生们又来到了自己辛苦劳作过的田地上。学生们惊讶地发现，曾经杂草丛生的荒芜田地现在已经变成了一块长满水稻的庄稼地。学生们脸上露出了不解的神情。哲学家微笑着告诉他的学生：要除掉杂草，最好的办法就是在杂草地里种上有用的植物。学生们会心地笑了起来，这确实是一次不寻常的人生之课。

对付懒惰，辛勤的劳动才是克敌之道。确实，一心想拥有某种东西，却害怕或不敢或不愿意付出相应的劳动，这是懦夫的表现。无论是多么美好的东西，人们只有付出相应的劳动和汗水才能懂得其是多么来之不易，因而才会愈加珍惜它，才能从这种拥有中享受到快乐与幸福，这是一条亘古不变的原则。即使是一份悠闲，如果不是通过自己的努力换来的，那么也并不会长久。不是用自己的劳动和汗水换来的东西，你没有为它付出代价，就不配享用它。生活就是劳动，劳动就是生活，懒惰将会使人误入失败的深渊。懒惰会使人陷入毁败的境地，只有辛勤的劳动才能创造生活，给人们带来幸福和欢乐。

拥有勤劳才能拥有财富

社会的财富是勤劳人创造出来的，物质产品、精神产品概莫能外。早在17世纪，英国的经济学家威廉·配第就指出：“土地是财富之母，劳动是财富之父。”财富是勤劳的人所拥有的，只要我们拥有勤劳，我们就会拥有财富。

在地中海的一个岛国里，农民们都致力于种植葡萄。有一个勤劳的农夫，他每天都勤勤恳恳地在葡萄园里劳作，他种出的葡萄酿的酒是最甜美的，他的葡萄园因此而远近闻名。可是勤劳的农夫有一块心病，那就是他有4个不成器的孩子。他们非常懒惰，无论农夫怎么教育总是不肯付出努力。由于他们不愁吃喝，因此养成了好吃懒做的习惯。又因为兄弟人多，该干活儿的时候总是相互推诿。终于，农夫老得干不动农活了。他病倒在床上，再也无法支撑起整个葡萄园。眼看着他苦心经营的葡萄园就这样一天天荒芜下去，农夫心里感到非常担忧。

农夫知道自己不久就要离开人世了，他一直在考虑一个问题：如何使儿子们明白劳动致富的道理呢？而焦虑更是加重了他的病情。一天，农夫的一位好友来看望他，这位朋友给农夫出了一个好主意。第二天，农夫把4个儿子叫到床前，对他们说：“我不久就要死了，我必须告诉你们一个秘密。在我们家的葡萄园里，我埋了几箱财宝，它就埋在……”话还没说完，农夫就咽气了。办完了父亲的丧事，4个儿子就开始到葡萄园里寻找父亲埋下的财宝。

由于农夫病倒多日，葡萄园已经杂草丛生了。为了寻找财宝，儿子们带着工具出发了。大儿子拿着铁锹，由园中心开始挖，杂草都除掉了，土翻得很深，地也翻松了，可是怎么也没找到他们要找的宝藏。二儿子牵着一头牛，套上犁，把整个园子从头到尾犁了一遍，结果同样一无所获。三儿子扛上锄头，在园的四角挖掘，挖得极深，结果把泉眼给打出来了，清澈的泉水滋润了整个葡萄园，那些即将干枯的葡萄藤又开始变绿。可是三儿子也没找到财宝。四儿子也出动了，他既用铁锄又用铁铲，但还是一无所获。4 个儿子虽然没有挖到财宝，但却把葡萄园里的土地翻得又松软又平整，加上三儿子打出的几个泉眼，园里的葡萄茁壮成长，比往年的收成还要好，葡萄成熟了，4 个儿子把葡萄运到城里去卖，路上遇见了农夫的那位朋友。他看到满车的葡萄，感到特别欣慰，并告诉农夫的 4 个儿子："其实，农夫并没有在园子里埋什么财宝，财宝只有用勤劳的双手来创造。"4 个儿子终于明白了父亲的苦心。

只有辛勤劳动，才会有丰厚的回报。即使是再优良的葡萄庄园，没有经过辛勤汗水的浇灌，终究也会杂草丛生、一片荒芜。传说中的点石成金之术并不存在，而在劳动中获得财富才是最正确的途径。

美国著名作家杰克·伦敦在 19 岁以前还从来没有进过中学。但他非常勤奋，通过不懈的努力，成为了文学巨匠。杰克·伦敦的童年生活充满了贫困与艰难，他整天在旧金山海湾附近游荡。说起学校来，他不屑一顾。不过有一天，他漫不经心地走进一家公共图书馆，读起名著《鲁滨孙漂流记》时如痴如醉，并受到了深深的震动。在看这本书时，饥肠辘辘的他竟然舍不得中途停下来回家吃饭。第二天，他又跑到图书馆去看其他书，另一个新的世界展现在他面前——一个如同《天方夜谭》中巴格达一样奇异美妙的世界。从那儿以后，一种品读诗书的冲动不可抑制地左右着他。一天中，他读书的时间达到了 10 ~ 15 小时，从荷马到莎士比亚、从赫伯特斯宾基到马克思等人的所有著作，他都如饥似渴地阅读着。

19 岁时，他决定结束靠体力劳动吃饭的生涯，改为以脑力谋生。他厌倦了流浪的生活，他不愿再挨警察无情的拳头，他也不甘心让铁路的工头用灯敲打自己的脑袋。于是，他进入加利福尼亚州的奥克德中学读书。他不分昼夜地用功，从来就没有好好地睡过一觉。天道酬勤，他因此有了显著的进步，只用了 3 个月时间就把 4 年的课程读完，通过考试后，他进入了加州大学。他渴望成为一名伟大的作家。在这一雄心的驱使下，他一遍又一遍地阅读《金银岛》《基督山伯爵》《双城记》等书，之后就拼命地写作。他每天写 5000 字，也就是说，他可以用 20 天的时间完成一部长篇小说。他有时会一口气给编辑们寄出 30 篇小说，但它们统统被退了回来。但是他并没有气馁，后来他写了一篇名为《海岸外的飓风》的小说，这篇小说获得了《旧金山呼声》杂志举办的征文比赛头奖，但他只得到了 20 美元稿费。5 年后的 1903 年，他有 6 部长篇以及 125 篇短篇小说问世。他成了美国文学界最为知名的人物之一。

“成事在勤，谋事忌惰。”杰克·伦敦的经历一点都不让我们感到惊讶，一个人的成就和他的勤奋程度永远是成正比的。试想，如果杰克·伦敦不是那么勤奋、写作不是那样废寝忘食，他绝对不会取得日后的成就。

一个人要取得成功、得到财富，固然与个人的天赋、环境、机遇、学识等外部因素有很大关系，但更重要的是自身的勤奋与努力。勤奋的劳动是成功的必经之路，幸福生活的获得需要靠自己勤劳的双手去创造。勤劳是人们最宝贵的财富，是永不枯竭的财富之源。

弯下腰是为了昂起头

卧薪尝胆、忍辱负重，自古便是成功者的重要品质。伤痛与屈辱不是要将人打倒，而是要将人磨炼成英雄！

在生活中，有时我们以为出现了不能承受的“重”。这种“重”是我们真的不能承受吗，还是我们不愿意承受“重”带来的伤痛？在意志薄弱、眼光短浅的人看来，也许这种“重”的确无法承受，但对意志坚定、胸怀大志的人而言，这种“重”往往是岁月的磨炼，他们将因此而成为他们想成为的人。

在韩信还是平民时，家中贫穷，常在熟人家里吃口闲饭，很多人都讨厌他。在淮阴的屠宰户里有位恶少，公然侮辱他道：“韩信，你虽身佩宝剑，但看你的样子就知道你是个胆小鬼，如果你能不怕死，就用你的剑来刺杀我；如果怕死不敢刺，就从我的胯下钻过去！”于是，韩信想了想，便低下头趴在地上，从那恶少的胯下钻了过去。从此，满街的人都讥笑韩信，认为他是胆小鬼，但韩信却从不辩解。

后来，韩信助刘邦奠定汉业，被封为淮阴侯。汉王五年正月，改封齐王韩信为楚王，都城在下邳。韩信到了自己的封国，对他部下的各位将领说：“那个人当年那样侮辱我，当时我难道不能杀了他吗？但杀了他又能如何，会有今日的韩信么，所以当时忍下了这口气，才能有我今天这样的功业。”

所以，虽说钻裤裆是奇耻大辱，但韩信不得不钻。如果不钻，只有两个结果，一是他被那屠夫杀掉，从此没有了韩信；二是他把屠夫杀掉，他赢得了暂时的胜利，但从此也没有了韩信，因为他杀人了，杀人者偿命，他会付出代价。如果是其中任何一个结果，历史上都不会有韩信这个人出现。韩信之所以能作为成大业者形象在中国历史上千古流传，就因为他在忍辱负重时眼睛是望向未来的，心中有着远大的目标。

卧薪尝胆、忍辱负重需要修养与度量，这是一种境界。忍，乃是心头一把锋利的刀，要培养刀捅心头而不惊的气度，就要忍得了杀父之仇、夺妻之恨、胯下之辱、占攻之欺、争锋之伤……司马迁如果不能忍受宫刑之辱，怎能完成“究天人之际，通古今之变，成一家之言”的伟大著作《史记》而流芳千古，成为人人敬仰的史学家？

伍子胥能屈能伸，不像他哥哥伍尚甘愿成为父亲的陪葬品。他宁愿背负对国不忠、对父不孝的罪名，忍着父兄无故被害的耻辱和颠覆楚国的雄心逃亡他国。带着强烈的报仇之心，帮助他所辅佐的吴王阖闾征服了多个诸侯国，楚国当然也在其中。杀父杀兄之仇终于得以雪恨。为解心头之恨，他愤怒地鞭打了楚平王之尸。太史公叹曰：“向令伍子胥从奢俱死，何异蝼蚁。弃小义，雪大耻。名垂于后世，悲夫！方子胥窘于江上，道乞食，志岂尝须臾忘郢邪？故隐忍就功名，非烈大夫孰能至此哉？”

所以说，伍子胥当年没有随父亲俱死，并非不孝，也并非苟且偷生，而是要创造一个弑君报父仇的神话。这才是真正的孝。因为当忠孝不能两全时，按常理我们当然要舍孝取忠；但如果我们所忠的君王并非是一个贤君呢，那当然只能舍忠取孝了。

汉代张骞，怀着对汉武帝的感恩毅然出使西域，两次沦落匈奴，忍辱负重，却始终不忘肩头使命，最终开辟了丝绸之路，名垂青史。

在韩信、伍子胥、张骞身上，我们都能看到卧薪尝胆、忍辱负重的那种大丈夫气概。以史为鉴，凡成功者必有“卧薪尝胆”之志，所以，如果你也想走上成功之路，那么对待生活中的困难与伤痛不应采取同样的态度吗？

失败了可以再试一次

最成功的人，往往是那些勇于尝试、播撒种子最多的人。所以，失败了不要紧，再试一次或许就会有转机。

如果仔细观察，你就会发现：每棵苹果树上大概有 500 只苹果，每只苹果里平均有 10 颗种子。通过简单的乘法，我们可以得出这样的结论：一棵苹果树有大约 5000 颗种子。你也许会问，既然种子的数目如此可观，为什么苹果树的数量增加得不是那么快呢？

原因很简单，并不是所有的种子都会生根发芽，它们中的大部分会由于种种原因而半路夭折。在生活中也是如此，我们要想获得成功、实现理想，就必须经历多次尝试。这就是“种子法则”。

参加 20 次面试，你才有可能得到一份工作；组织 40 次面试，你才有可能找到一个满意的雇员；跟 50 个人逐个洽谈后，你才有可能卖掉一辆车、一台吸尘器或是一栋房子；交友过百，运气好的话，你才有可能找到一个知心好友。

所以，最成功的人，往往是那些勇于尝试、播撒种子最多的人。

一鸣惊人、一举成功的事，在这个世界上并不多见，更多的成功在于人们坚定的信念和勤奋地工作。好的创意实现还要靠锲而不舍的努力尝试才能成功。所以，如果你遭遇失败，千万不要放弃，也许只要多试一次，事情就会大有改观。

在一场火灾中，一个小男孩儿被烧成重伤。医院全力以赴挽救了他的生命，但他的下半身却毫无行动能力，没有任何知觉。医生悄悄地告诉他的妈妈，孩子以后只能靠轮椅度日了。

出院以后，妈妈每天都推着他在院子里转一转。

有一天，天气十分晴朗，妈妈推着他到院子里呼吸新鲜空气，后来妈妈有事暂时离开了。天空是如此美丽，蓝得好似水洗过一般。风儿轻柔地吹着，草地上盛开着各色的小花。男孩儿的心如同从沉睡中醒来，一股强烈的冲动自他的心底涌起：我一定要站起来！他奋力推开轮椅，然后拖着无力的双腿，用双肘在草地上匍匐前进。一步一步地，他终于爬到了篱笆墙边；接着，他用尽全身力气，努力抓住篱笆墙站了起来，并且试着扶住篱笆墙行走。没走几步，汗水便从额头淌下。他停下来喘口气，咬紧牙关，又拖着双腿再走，一直走到篱笆墙的尽头。

每一天，他都要抓紧篱笆墙练习走路。可一天天地过去了，他的双腿始终无力地垂着，没有任何知觉。他不甘心困于轮椅中的生活，紧握拳头告诉自己，在未来的日子里，一定要靠自己的双腿来行走。终于，在一个清晨，当他再次拖着无力的双腿紧拉着篱笆墙行走时，一阵钻心的疼痛从下身传了过来。那一刻，他惊呆了——自从烧伤之后，他的下半身便再也没有任何知觉。他怀疑是自己的错觉，又试着走了几步。没错，那种钻心的疼痛又一次清晰地传了过来。他的心一阵狂喜，在他的不懈努力下，下肢开始恢复知觉了。他一遍又一遍地行走着，尽情地享受着别人避之唯恐不及的钻心般的痛楚。

自那以后，他的身体恢复得很快。先是能够慢慢地站起来，扶着篱笆墙走几步；渐渐地又可以独立行走了。最后有一天，他竟然在院子里跑了起来。至此，他的生活与一般的男孩子再无两样。在他读大学的时候，还被选入了田径队。当他健步如飞时，没有人知道他曾经是一个被医生宣告要终身与轮椅为伴的孩子。

他就是葛林·康汉宁，他创造了奇迹，他竟然能够健步如飞，并且跑出了世界最好成绩。为了实现站起来的愿望，他付出了巨大的努力。他一次又一次地去尝试，实在是令人感佩。

很多事情都是这样，往往再试一试就会有意想不到的收获。令人感到遗憾和悲哀的是，面对一而再、再而三的失败，多数人选择了放弃，没有再给自己一次机会。

心存希望总有奇迹发生

人生可以失去很多东西，却绝不能失去希望。只要心存希望，总会有奇迹发生。希望虽然渺茫，但它永存人间。

美国作家欧·亨利在他的小说《最后一片叶子》中讲了个故事：在病房里，一个生命垂危的病人透过房间看到窗外有一棵树，在秋风中树叶一片片地掉落下来。病人望着眼前的萧萧落叶，身体也随之每况愈下，一天不如一天。她说："当树叶全部掉光时，我也就要死了。"一位老画家得知后，用彩笔画了一片叶脉青翠的树叶挂在树枝上，最后一片叶子始终没掉下来。

只因为生命中的这片绿，病人竟奇迹般地活了下来。

当你遇到困境的时候，一定要相信自己，给自己希望，这样才能柳暗花明、走出困境。前途比现实重要，希望比现在重要。任何时候，都不应该放弃希望，因为它是创造成功、创造未来的"点金石"。

人生不能没有希望，所以无论我们身陷怎样的逆境都不应绝望。失望时萌生希望，能驱散心中的浓雾，拥抱一片湛蓝的晴空。让我们带着希望生活，活出一个最好的自己。

只要把希望种在心里，即使是一粒最普通的种子也能长出奇迹来！

培植出白色的金盏花非常困难，让专家都望而却步，而一位不懂遗传学的老人却取得了成功。这是为什么呢？且往下看完这个故事。

当年，美国某报纸曾刊登了一则园艺所重金悬赏征求纯白金盏花的启事，一时间引起轰动，高额的奖金让许多人趋之若鹜。但是，在千姿百态的自然界中，金盏花除了金色的就是棕色的，要培植出白色的来不是一件容易事。所以，许多人一阵热血沸腾之后，就把那则启事抛到了九霄云外。

时间一晃就是20年。20年后很平常的一天，当年那家曾刊登过启事的园艺所意外地收到了一封热情的应征信和100粒“纯白金盏花”的种子。当天，这件事就不胫而走，引起了轩然大波。原来，寄种子的是一位年已古稀的老人，对信中言之凿凿能开出纯白金盏花的种子，园艺所一直举棋不定，该不该验证一时间成了争论的焦点。有人说，绝不应辜负一位老人的心意。那些种子终于得以落土生根，奇迹是在一年之后才出现的，一大片纯白色的金盏花在微风中摇曳生韵。

一直默默无闻的老人因此成了新的焦点。原来，老人是一个地地道道的爱花人。20年前，她偶然看到那则启事，怦然心动。而她的决定却遭到了8个儿女的一致反对。毕竟，一个压根儿就不懂种子遗传学的人是很难完成专家都不能完成的事的，她的想法岂不是痴人说梦！但她痴心不改，义无反顾地干了下去。她撒下了一些最普通的种子，精心侍弄。一年之后，金盏花开了。她从那些金色的、棕色的花中挑选了一朵颜色最淡的，任其自然枯萎，以取得最好的种子。次年，她又把它们种下去。然后，再从许多花中挑选出颜色更淡的花的种子栽种……日复一日、年复一年，春种秋收、周而复始，老人的丈夫去世了，儿女远走了，生活中发生了很多事，但唯有种出白色金盏花的愿望在她的心中牢牢扎下了根。终于，在20年后的一天，她在园中看到一朵金盏花，是如银如雪的白。一个连专家都解决不了的问题，却在一个不懂遗传学的老人手中迎刃而解，这不是奇迹吗？

漫漫人生路，难免会遇到荆棘和坎坷，但风雨过后一定会有美丽的彩虹。所以，任何时候你都要抱着乐观的心态，都不要丧失希望。要知道，失败不是生活的全部，挫折只是人生的插曲。虽然机遇总是飘忽不定，但只要你坚持并保持乐观，就能永远拥有希望。即使一生不如意，但有希望相伴也是幸福的。

第七章

挖掘潜能，为自己创造出一个别样的世界

发挥潜能的程度是由自己的勤奋度决定的，凡是积极进取的人，就能深度挖掘自己的潜能；而凡是消极懈怠的人，任何事情都会抱以“得过且过”的态度，潜能自然得不到开发和利用。

没有人能够浑浑噩噩地过日子，所有人都应该为了更好的生活而奋斗，可以是物质生活，也可以是一种精神境界。无论是哪一种，都需要你遏制懒惰的因子，这样你才能为自己创造出一个别样的世界。

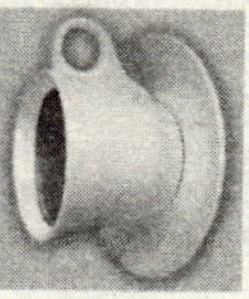

深度挖掘自己的潜能

一个人的能力极限在哪里？恐怕这个问题没人能回答上来，因为人们有着一种特殊的能力——潜能。这种能力可以说是我们的，但也并不属于我们。为什么这样说呢？举个例子，潜能就像是自家土地下深埋的金子，虽然它在自家地下，但如果不去挖掘，这种东西就不能说是你的。

看看周围的人吧，有多少人总是抱怨自己不堪重负？其实，这些人不是不能承受这些压力，而是不想去面对它。成功人士哪一个不比我们遇到的困难多，哪一个不比我们的压力大？但他们仍旧能够坚持走下去。说到底，是因为他们开发了自己的潜能，提升了自己的能力。

有新闻曾报道过有个孩子情急之下为了救母搬动起汽车，在众人看来这简直不可思议，但奇迹就这样发生了，因为在关键时刻，男孩渴求救母的欲望化成了一种无坚不摧的能量。每个人都有可能创造奇迹，只要你能够豁出去，选择拼搏。

小山真美子是日本札幌市的一位年轻妈妈，她天生身材矮小。一天，她正在楼下晒衣服，突然看到她 4 岁的儿子从 8 层的家里掉了下来，马上就要跌落到地上。

见状，小山真美子飞快地奔过去，赶在孩子落地之前将其接在怀中。结果，儿子只受了一点轻伤。

该则消息很快就在《读卖新闻》发表，日本盛田俱乐部的一位法籍田径教练布雷默对此非常感兴趣。这是由于当他按照报纸上刊出的示意图仔细计算时发现，从 20 米外的地方跑过来接住从 25．6 米的高处落下的物体，一个人必须跑出约每秒 9.65 米的速度才能到达。而就是在短跑比赛中，这个速度也是没有人可以轻易达到的！

后来，布雷默专门为这件事找到了小山真美子，问她那天是怎样跑得那么快的。小山真美子回答道："是对孩子的爱，因为我不能看着他受到伤害！"于是，布雷默得出了一个结论：实际上，人的潜力是没有极限的，只要你拥有一个足够强烈的动机就能将潜能挖出来！

回到法国以后，布雷默专门成立了一家"小山田径俱乐部"，以此激励运动员要很好地突破自我。最终，布雷默手下的一位名叫沃勒的运动员在世界田径锦标赛上获得了 800 米比赛冠军。

当媒体的记者争着问他如何在强手如林的比赛中夺冠的时候，沃勒轻松地回答道："小山真美子的故事一直激励着我，因此在比赛的时候，我就始终想着，我就是小山真美子，我飞奔着是要去救孩子！"

不得不说，小山真美子能创造短跑速度的奇迹，凭借的是她在瞬间爆发出来的潜力，而沃勒之所以能够夺冠，也是因为受到了小山真美子救子的激励，将自己体内的潜能挖掘了出来。如此看来，每个人都具有潜能，它就像一座大"金矿"，蕴藏着无穷的力量和动力。如果我们想要获得事业上的成功，肯用积极的心态将潜能发掘和利用起来，它一定会助我们一臂之力。

一般情况下，有不少人都认为，他人做不到的事情自己一定也是做不到的。于是，就会习惯性地安于现状，绝不会主动去改变现状。这样一来，潜能自然得不到开发，而最可怕的是，它还会随着年龄的增长而慢慢退化。

曾有专业人士经调查研究得出这样的结论："凡是普通人，其实只开发了蕴藏在自己身上十分之一的潜能。可以说，每个人不过都处于半醒着的状态。”是啊，我们的身体就如同一个宝库，潜能就蕴藏其中，只是因为我们都未接受过相关的潜能训练，所以我们的潜能才没有很好地发挥出来。一旦将我们身上的潜能挖掘出来，在我们的一生中就能够起到“点石成金”的重要作用。

在现实生活中，也只有那些勇于挑战、具有强烈进取心之人才能将潜能挖掘出来，从而取得辉煌的成就。

大家一定熟知班·德雯，他在保险销售行业里可谓是一位杰出人物。

他连续数年达到了每月10万美元的销售业绩，并成为大家所追求的、卓越超群的百万圆桌协会会员。

他在约50年内，平均每年都能达到将近300万美元销售额。除此之外，他的单件保单销售曾做到了2500万美元，甚至一个年度就拥有超过了1亿美元业绩。曾经有过数字统计，在他的一生当中，其共销售出去数十亿美元的保单，高于整个美国80%的保险公司销售总额。

可以说，在销售保险的历史上，没有任何一个业务员能够超越他。然而，他实现的这一切却是在他家方圆40里内，有1．7万人、一个叫作“东利物浦”的小镇上创造出来的。

在谈到自己的成功时，费德雯不无感慨地说：“我之所以能够获得成功，是因为有一颗强烈的进取心。而那些对自己的生活方式与工作方式完全满意的人，他们却陷入了一种常规窠臼。如果这些人既无任何鞭策力也没有进取心，那么他们只能在原地徘徊。”

潜能成功大师安东尼·罗宾曾经这样说过：“并非大多数人命里注定不能成为爱因斯坦式的人物，任何一个平凡的人，只要发挥出足够的潜能，都可以成就一番惊天动地的伟业。”

可以说，发挥潜能的程度是由自己的勤奋度决定的。凡是积极进取的人，就能深度挖掘自己的潜能；凡是消极懈怠的人，任何事情都会抱以“得过且过”的态度，潜能自然得不到开发与利用。

20 世纪的科学巨匠爱因斯坦逝世以后，科学家们开始研究他的大脑，最终得出了这样的结论：无论是从哪个方面衡量，爱因斯坦的大脑都和常人一样，并没有什么特殊性。其实，这就说明了一个问题，爱因斯坦之所以能够取得常人不能取得的成功，关键就在于他超乎常人的那份勤奋和努力。

所以说，不管我们处于人生中的哪个高峰和哪个低谷，都不要陷入满是怀疑、否定的沼泽地里，而是要以积极的心态将潜能挖掘出来，因为，无穷的潜能才是帮助我们创造人生奇迹的坚定基石。

一分耕耘，一分收获

许多人都忽略了积少才可以成多的道理，一心只想着一鸣惊人，而不去勤奋努力地工作，等到忽然有一天，看到比自己起步晚的人、比自己天资笨拙的人都有了可观的收获，才惊觉自己这片地里还是颗粒无收。这时才明白，不是自己没有理想或志向，而是自己一心只等待丰收，却忘记了要勤奋播种、施肥、除草。

这个世界上确实有天才，但天才不等于可以不努力。世人眼中的哈佛是世界最高学府，能进哈佛的学生一定天赋异禀，可是哈佛的校训中就告诫人们只有勤奋才能有所收获。

爱因斯坦曾说过："人的差异在于业余时间。"每人每天工作的时间都是8个小时，付出得也都差不多，获得的回报也差不多，但要想改变自己的人生，让自己与别人不一样，那么就必须用上业余时间，谁的业余时间用在学习上的越多，那么他获得成功的概率就越大。

1903年，在纽约的数学学会上，一位名叫科尔的数学家成功解答了一道世界数学难题。在人们的惊诧和赞许声中，有一个人向科尔恭维道："科尔先生，你是我见过的最有智慧的人。"

科尔笑了笑，回答道："我不是最有智慧的，我只是比你们更勤奋罢了。"

听到科尔如此回答，那个人很是疑惑。科尔说："你知道我论证这个课题花了多少时间吗？”

那个人说：“一个礼拜。”科尔摇了摇头。

“一个月？”科尔还是摇了摇头。

那人见到科尔否定，很吃惊地问：“我的天啊，不会是一年吧！”

科尔笑了笑，回答道：“先生，你错了，不是一年，而是三年里的所有星期天。”

一分耕耘、一分收获的道理是永远不会变的。在成功的路上，人人都希望有捷径，能够付出最少的努力获得最大的收益，可事实上这是不可能的事情，成功的唯一捷径就只有勤奋。

即便你聪明绝顶，如果不肯花时间、花精力，最终也只能被普通人超越。

人生是一个过程，重在拼搏，无论任何人，终点都是死亡，这是没有差别的。重要的是你的过程要怎样度过，想着每天享受，那么最终定会因为之前的享受而懊悔。一开始就习惯于拼搏的人，最终会陶醉在这个过程中，到老时说不定还能写下一本厚厚的回忆录来记录自己精彩的人生。

据说，哈佛大学的图书馆昼夜都开放，即便是凌晨 4 点也会有很多人在那里学习。在他们看来，一生实在是太过短暂，想要获知更多的真理就需要付出更多的努力，利用每一分每一秒。

曾有人询问李嘉诚成功的秘诀，李嘉诚讲了这样一则故事：曾有一个初涉推销行业的新人问日本“推销之神”原一平的成功推销秘诀是什么，原一平当场脱掉鞋袜，对他说：“请你摸摸我的脚板。”

这个新人满脸疑惑地摸了摸对方的脚板，十分惊讶地说：“您脚底的老茧好厚呀！”原一平说：“因为我走的路比别人多，跑得比别人勤。”这个新人略微沉思后，顿然醒悟。

李嘉诚讲完故事后，微笑着说：“我没有资格让别人来摸我的脚板，但可以告诉你，我脚底的老茧也很厚。”当年李嘉诚每天都要背着样品的大包马不停蹄地走街串巷，从西营盘到上环再到中环，然后坐轮渡到九龙半岛的尖沙咀、油麻地。

李嘉诚说：“别人 8 小时就能做好的事情，如果我做不好，我就用 16 个小时来做。”

李嘉诚早年在茶楼当跑堂，拎着只大茶壶，每天 10 多个小时来回跑。后来当推销员，依然是背着大包一天走 10 多个小时的路。李嘉诚脚底的茧子未必没有原一平的厚。

勤奋是成功的根本、基础、秘诀。没有勤奋，即使你天赋奇佳，也只能一生碌碌无为。任何一个成功都不可能唾手而得，因此，人应当在年轻的时候就培养“勤奋努力”的习惯。

日本最成功的企业家之一松下幸之助说过：“我在当学徒的七年当中，在老板的教导之下养成了勤奋的习惯。所以，他人视为辛苦困难的工作我自己却不觉得辛苦，反而觉得快乐。青年时代，我始终一贯地被教导要勤奋努力，所以，我能力提升得很快，抓住了很多机会。”

机会说不定什么时候就会降临，但有时只是因为手脚慢了一步便错过了。这不是机会给你的时间太少，而是你的动作不够快；不是你的能力不够，而是你不够勤劳。就像李嘉诚说的那样，8 个小时做不好的事情，就花上 16 个小时去做。勤能补拙，只要肯付出勤劳，就没有得不来的成功。

做好当下的一切

很多时候，我们都在说要珍惜时间，但是，当回顾自己的所作所为时，我们又不断地抱怨浪费了时间。最终你才发现，自己的生命都在浪费中度过了。当然，我们现在并没有走到人生的尽头，所以还有扭转的机会。从今天开始，与其抱怨过去的虚度，坐等明天的到来，不如奋起努力，把握今天。

昨天已经成为过去，后悔也无济于事，而明天的问题无法预知，也无法解决，我们能把握住的只有今天。今天就在眼前，珍惜今天，不仅可以弥补昨天的不足和遗憾，更能为迎接明天的朝阳做好准备。

在纽约街区的一个屋檐下，有三个乞丐正在聊天。

一个乞丐说："如果不是去年股票暴跌，我早就成为千万富翁了……"另一个乞丐说："那是多久以前的事啦，还提呢，看着吧，我明天去对面那条街上的垃圾桶看看，说不定那里面就有张百万美元的支票，哈哈……"第三个乞丐没有言语，他觉得现在最要紧的是如何填饱肚子，而不是说一些对自己没有意义的话，于是便去四处寻找食物。而谈话的两个乞丐聊累了，开始睡觉。也许在梦中，他们正在回忆着自己辉煌的过去、构想着美好的未来呢。

第二天早上，当人们起来时，两个乞丐已经没气了，而那个寻食的乞丐则吃得正香。

追忆、幻想都不如行动来得实在，你在想没有实际意义的事情、在悲天悯人而不付诸行动时，都是在浪费自己的时间。时间是生命的堆积，过去了一天就等于消逝了一天的生命，如此宝贵的时间，为什么还要用来哀叹，用来荒废、虚度呢?

你为逝去的昨天感到伤感，为即将到来的明天感到恐慌，因为你听见了时间流逝的声音，听见了生命逝去的声音，可所有人都是如此，你又有什么办法呢? 还不如实际一点，抓紧今天，不荒废今天，从现在开始努力。

有一首诗说得好：

昨天已经成为过去，请不要为之叹息；

明天还只是个未来，你不必有太多的忧虑；

只有今天，才是你真正的拥有；

抓住今天，你的梦才能实现；

昨天是成功的阶梯，明天是奋斗的继续。

把握不住今天，不管你的昨天有多么辉煌，也不管你的明天会有多宏伟，对现在的你来说都是不现实的。正如惠特曼所说："我现在这一分钟是经过了过去无数亿万分钟才出现的，世上再没有比这一分钟和现在更好了。"

人生是等待的过程，但又不只是等待的过程。很多时候，我们总是把今天的事情拖到明天来做，总以为明天才是自己起航的始发点，往往对明天充满期待，而对眼前的今天却视而不见，但是，到了明天，又会把事情拖到下一个"明天"，却不知"明日复明日，明日何其多"?

有一个名叫里德的小伙子，长得阳光帅气，但却一无所成、一无所有，生活得很是无聊。有一天，他去自己的大学老师那里诉说苦闷，希望老师能给他的未来指一条明路。

老师问他："你到底怎么了?"

里德说："我都快三十了，却还一无所有，老师，你说我该怎么办，你能给我指个方向吗？我现在连自己的人生价值都找不到。"听了里德的话后，他的老师笑着摇了摇头说："你觉得自己一无所有，但我感觉你和别人一样富有，因为你拥有的时间和别人一样多。"

里德苦涩地说："那又能怎样呢？它们既不能当荣誉，也不能当金钱换顿饱饭……"

老师打断了他的话，问道："难道你不认为它们很重要吗？如果有人给你 1 万美元，让你马上变为 40 岁，你愿意吗?"

"当然不愿意?"

"那么如果有人愿意出 100 万美元要你马上变成 80 岁的老翁，你愿意吗?"

"傻子才会答应这样的事。"

老师笑着说："看到了吧，其实，你很富有，因为你有足够多的时间，时间就是你的财富。"

老师觉得里德似乎还不怎么理解自己的话，于是接着又说："你可以去问一个刚刚延误飞机的游客，一分钟值多少钱；你再去问一个刚刚死里逃生的人，一秒钟值多少钱；最后，你去问一个刚刚与金牌失之交臂的运动员，一毫秒值多少钱?"

听了老师的话，里德羞愧地低下了头。老师继续说："只要你明白了时间的珍贵，并珍惜它，专注于自己想做的事，那么你就会成为一个真正的富人。"

里德带着老师的教导离开了，他开始思考自己下一步该怎样做。他先找到了一份做设计的工作。两年后，他创立了自己的工作室。就在 35 岁那一年，他拥有了自己的广告公司。

上帝每天给予任何人的时间都是 24 小时，如果你勤奋并珍惜它，那你的生命之树就会结出串串果实；如果你是懒惰的，那你最后只能带着一头白发，两手空空地哀叹曾经有过的岁月。

我们要珍惜今天、把握今天，就要珍惜当下的每分每秒，组成时间的材料虽然看起来微小，但是却都有着各自不同的意义。要知道，这些看起来微不足道的时间可以让你的梦想成为现实，也可能让你一生平平庸庸、碌碌无为。

随着时光的流逝，一切都会改变，如果任其荒废，即使搭上整个生命也是耗不起的。所以，不要再为走过的昨天扼腕叹息，也不要为还未到来的明天满怀豪情。把握好今天，做好当下的一切，让今天过得充实而有意义，你的生命就有了光彩，就有了无与伦比的价值。

给自己一个承诺

当我们想要做一件事情的时候，都会感到恐惧，不知如何是好。这个时候，我们渴望着别人的一个承诺，让我们安下心来。确实，这很起作用，但并不是任何时候都有人可以给予我们承诺，这个时候难道我们就要一直悬着一颗心，在选择面前犹豫不决吗？

其实，我们还有另一个选择，那就是自己给自己一个坚实的承诺。这比任何东西都重要，因为这意味着给了自己一颗奋斗不止的雄心，它能给我们每个人带来不少期盼，同时还会激励我们勇往直前。

其实，每个人身上都蕴藏着天赋，它会像金子一般在自己淡然的生活中平添几分美丽，而那些总觉得自己一无是处的人却永远看不到自身的闪光点。无论所处的环境是怎样的，我们都要试着给自己一个承诺，然后为了它而努力奋斗。迟早有一天，命运会向你展开微笑的脸庞，从此你的生活也会发生翻天覆地的变化。

要学会兑现自己的承诺，就要让他人感受到自己的独特；就要阻止任何烦恼的事来惊扰自己的内心；就要时时刻刻看到事物光亮的一面；就要乐观积极地为自己尽力去争取；就要用自己的坚强挑战生命中的每一个艰难时刻；就要不怨不怒，无所畏惧地迈出前行的脚步；就要以宽广的胸怀去主动拥抱未来的成功。

有时候，你渴望拥有的东西现在不属于你，但不代表它永远不能属于你，先给自己一个承诺，告诉自己这是未来会有的，那么未来的某一天，通过你的努力，一定能够得到自己想要的一切。

在现实生活和工作中，我们每个人都应给自己一个承诺，它可以时刻鞭策我们成长，时刻激励我们前行，只要不断给它阳光、空气和水，将来的某一天，这颗梦想的种子便会生根、发芽、开花、结果！总之，请给自己一个有力的承诺吧，这比什么都重要！

坚持住风雨的打击

人生就是一出悲喜剧。无论是光鲜亮丽高高在上的成功者，还是身边平平淡淡的普通人，谁的人生都是风水轮流转，悲喜交加。每个人的生活都有顺风顺水之时，相对地也就有悲伤和不幸的时光。

每个人都希望自己的生活总是顺顺利利的，人们也很容易从生活中发生的好事中汲取正能量。而对于逆境和不幸，人们总是唯恐避之不及。没有人希望自己的人生和悲剧沾上哪怕一丝一毫关系，因为它是沉重且晦暗的。处在逆境的时候，人们总会不由自主地痛苦和消沉，甚至产生放弃人生的念头。诚然，人生中的不幸是值得同情的，但不幸对人生来说却也有不可估量的价值和作用，懂得这个道理的人，才能任由人生的风水轮流转，在顺其自然之中驾驭悲喜，成为时代的佼佼者。

米切尔本是一个身体健壮的青年人，但是悲剧在这一天突然降临。心情愉悦的他正骑着摩托车飞快地奔驰在一条笔直的公路上时，车祸发生了。

车行一半，当他习惯性地扭头看后方是否有车开过来时，没想到行驶在前面的大卡车突然刹车。电光火石间，米切尔为了保住性命，闪电似的将摩托车的把手压低，让车身侧倒滑进了卡车底部。

没想到，就在这个危急时刻，摩托车的油箱盖突然绷开。悲剧不可避免地发生了，油箱里的汽油溅洒出来，被摩托车和马路摩擦出的火花所引燃。

当米切尔恢复意识时，全身 70% 的面积都被烧伤的他已经在医院的病床上躺了好几天。伤口让他痛得不能动弹，甚至连呼吸都极为困难。但是，米切尔并没有因为疼痛而放弃求生的意志，他不断对自己说："无论如何，我一定要活下去。"

很长一段时间，米切尔都生活在疼痛中。后来，他终于靠着坚强的意志力挺了过来，并且重新开始了新的人生与事业。可惜，命运又一次捉弄了他，因为一次飞机失事，米切尔的下半身从此瘫痪了。

在接二连三的不幸打击下，米切尔委屈地想要大哭，但更多时候他则是斗志昂扬的。就是在激昂的斗志鼓舞下，身有残疾的他成为美国最活跃的成功人士之一，除了事业有成外，还进入了国会。

喜剧和悲剧都是每个人人生中的必修课。人人都很容易从喜剧课堂拿到高分，而悲剧的课程却要艰深得多。而米切尔无疑就是悲剧课堂上一名优秀的毕业生。像米切尔这样的人，完全值得我们称颂为英雄，他用自己不屈不挠的坚守和奋斗告诉我们，无论人生遇到怎样的悲剧，即使他的双腿再不能站立，他的精神也会站在人生更高的顶峰上。

茨威格说："命运总是喜欢让伟人的生活披上悲剧的外衣，并且在他们前进的道路上设置重重障碍，以便让他们在追求真理的征途中锻炼得更加坚强。命运戏弄着这些伟大人物，但这是大有补偿的戏弄，因为艰苦的考验总会带来好处。"当悲剧降临到我们的人生中时，既然不能逆转时间去改变已经发生的事，那么就调整心态，就当是披了一件悲剧的外衣。而只有这样的外衣，才能帮助我们穿过极寒的地带，登上成功之巅。

伟大的科学家斯蒂芬·霍金也是一个披上了悲剧外衣的人。在轮椅上生活了几十年的霍金曾经写下过这样一段文字："我的手指还能动，我的大脑还能思考，我有终生追求的理想，我有爱我和我爱着的亲人、朋友，我还有一颗感恩的心。”

上天给了霍金远远高过凡人的头脑，这是霍金的喜剧，但同时，上帝又一点点将身体的功能从霍金身上剥夺，这是霍金的悲剧。而就在这人生的悲喜轮转之间，霍金一方面安然地接受了生命加诸自己的所有悲喜，一方面同时积极地面对命运，最终成就了自己。这样的人自然也会被列入英雄之列。

孟子曰：“天将降大任于斯人也，必先苦其心志，劳其筋骨，饿其体肤，空乏其身，行拂乱其所为，所以动心忍性，增益其所不能。”意思是说，当上天要将一件重大的任务交给一个人时，定要先让他经历种种考验，以此磨炼他的心性，让他增添原本没有的能力。也许不是每个人都会遇到如米切尔、霍金这样巨大的悲剧，但是，如果我们能从生活的每一次坎坷中汲取前进的力量，我们就能够获得更加坚挺的脊梁，就能开创出一个崭新的人生。

沙子嵌入蚌柔嫩的肉中，似乎是蚌的不幸，而蚌却在饱受磨砺的痛苦中诞出了温润的珍珠，成就了自己的幸运。人生有喜剧的馈赠，也总免不了悲剧的磨砺，而只有经得起这所有的悲喜，以安然的心态面对人生的福祸变换，才可能成为平凡人生中的英雄豪杰。

每一场喜剧都播撒着幸福，而每一场悲剧也都造就着英雄，因此，无论人生是怎样一出悲喜剧，都别放弃平凡人生中的英雄梦想。要知道，只有承受住风雨的打击，才能看到彩虹的美丽。

保持对生活的热情

在现实生活中，有很多人对自己的生活很不满意，感叹自己命不好，感觉到失业、生病、股票大跌等倒霉的阴影如影随形。在公司里遇不见伯乐，自己这匹千里马只能困在槽头，于是，感叹自己生不逢时、处境不佳，得不到施展才华的机会。在情场上失意，就认为天下真爱难寻，对爱情丧失了信心……

其实，生活就像是在谈一场恋爱，你对它失去了热情，那么它就会疑神疑鬼，很难带给你成功。

热情是一种主动，如果对生活冷淡漠视，那么你的存在便如行尸走肉般。生活给了你一切，但经历需要你自己去创造，一切需要你自己去感受。如果麻木地生活，那么你会无止境地重复某一天，直到你对生活感到倦怠，感到现实无力改变，最终只会自怨自艾，抱怨生活的不幸。

对于这种人而言，成功是根本不可能做到的事情，因为在他们眼中，命运早已经注定了，自己只是命运的木偶，不管怎样努力，结果都不会改变。有了这样的想法，生活就不可能有热情，因为在他们眼中一切都是生计需要，日子是“混”出来的。

随遇而安的淡定固然重要，但积极向上的热情也必不可少。不论做什么事，只有心中充满了热情，才有可能为之付出100%的努力，才有可能赢得美好的前程。

在一个明媚的下午，美国作家威莱·菲尔普斯去逛纽约的第五大道，他突然想起自己需要买一双袜子，至于买一双什么样式的袜子，作家倒觉得无所谓。他看到第一家袜子店，就走了进去，接待他的是一个年纪很轻的店员。店员迎面向他走来，询问道："先生，您要什么?"

威莱·菲尔普斯说："我想买双短袜。"

令作家没有想到的是，这个年轻人眼睛闪着光芒，话语里含着激情，"您知道吗，您现在所在的地方是这个世界上最好的袜子店。您需要一双什么样的袜子?"作家一愣，他没想到一个卖袜子的人会有如此的激情，他仅仅是需要一双短袜罢了，走进这家商店纯粹就是一种偶然。

只见那个年轻人小心翼翼地从一个个货架上拖下许多只盒子，然后把里面的袜子都展示给作家看，让他欣赏。作家感到非常不可思议，对这个小伙子说："等等，我只买一双!"那年轻人则回答说："这我知道，我想让您看看这些袜子有多美、多么漂亮，真是好看极了!"

作家发现，在介绍袜子的时候，这个年轻人的脸上洋溢着庄严和神圣的狂喜，像是在把自己最钟爱的东西拿出来给别人看。作家心中立刻升起了对这个年轻人的兴趣，把买袜子的事情抛之脑后。作家略微犹豫了一下，然后对那个年轻人说："我的朋友，如果你能一直保持这样的热情，如果这份热情不只是因为你感到惊奇，或因为得到了一个新的工作，如果你能天天如此，把这种热心和激情保持下去，不出 10 年，你就会成为美国的短袜大王。"

威莱·菲尔普斯为什么会断定那个年轻人一定会有所成就？就是因为他从年轻人身上看到了一种对待生活的热情。这个年轻人虽然做着非常平凡的工作，但是他没有自弃，依然充满着对生活的热爱，这样的人最终一定会赢得成功。

不爱自己的生活，厌弃自己的工作，这样并不能让你摆脱现状，只会让你沉溺于一种无法摆脱的消极情绪中，让你对一切都失去信心、产生怀疑。但事实上，对于生活的热情是我们每个人都拥有的。但是在日复一日的平淡日子里，热情被慢慢地消耗、磨损、消解、抵消。失去了热情的我们，变得疲惫不堪、无可奈何、垂头丧气、气急败坏，再难有平心静气的时候，也难得有信步从容的时候。

人的热情是怎么失去的？我们可以举一个简单的例子来说明这一点。

在一只猴子面前摆上一些食物，但是却用一层玻璃将猴子和食物隔开。一开始，猴子会非常急切地想要得到这些食物，但是当它做出百般努力都无功而返之后，猴子便对这些食物失去了热情，即便是将玻璃拿开，猴子也不会再去为得到食物而努力。因为希望总是破灭，所以猴子失去了对食物的热情。

对于我们人来讲，同样有着自己的期望，恐怕没有谁满意自己的现状。可是，所谓的满意不就是一个悬浮的数字与符号吗？它总是在我们的前方，我们不断地前行，它不断地后退。当然，我们如果停滞不前，它会退得更快。

生活中有太多的焦虑，年龄的、身体的、情感的，等等。只要有思想有追求有比较，就会有焦虑。急剧扩张的城市中，焦虑也以极度夸张的方式扩展着、延伸着。只要是认真地活着，焦虑就如影随形。我们所能做的，是努力把焦虑变成动力而非压力。

遭遇失败，难免会情绪低落，但是你千万要记住，不能让自己的低落情绪不可控制。即便是你现在没有明确的解救之道，也要始终保持对生活的热情；热情虽然不是解决问题的手段，但是能让你打起精神来直面问题。现状是我们无法改变的，但心态却是我们有能力控制的。选择和生活保持一定的距离，不要沉溺其中，你才能够始终保持一份热情。生活着，但是不能完全被世俗所左右，即便是我们不能完全拒绝功利，但至少在某些时候，在一些事情上，也应非功利地思考与行动；如果注定摆脱不了庸俗，那么，至少在庸俗的同时或者之后，也应对庸俗有那么一些批判的态度，对非庸俗有一点哪怕只不过是偶尔想想而已的憧憬。

生活不是一件容易的事。已经如此不容易，那么，为何不能快乐一些？身外之物或许很匮乏，但心情是我们能够赋予自己的。快乐作为一种心情，势必会受到客观环境与条件的挤压，这时就需要反作用力了。这种力量源于我们内在的修养和坚强。保持对生活的热情，就是保持我们的自信、勇猛、毅力，保持我们对纯粹与彻底的向往。

最辉煌也是最危险的时候

人生是一步步走出来的，这一步的失意不代表下一步的失败，同样地，这一步的得意也不能代表下一步的辉煌。然而，总有那么一些人，喜欢把过去每一步的辉煌总放在嘴边。其实，让我们为之得意的成就只能代表过去，而不是时时拿来炫耀的资本。

美国汽车大王福特曾经说过："一个人如果自以为有了许多成就而止步不前，那么他的失败就在眼前了。许多人一开始奋斗得十分起劲，但前途稍露光明后便自鸣得意起来，于是失败便立刻接踵而来。"

诚然，有了一些成绩，我们都会不可避免地产生自得的心理，但是，如果让得意常驻心间，就会慢慢腐蚀我们的心灵。时间一长，各种副作用就会接踵而至。

大宇集团曾是韩国最著名的企业。当年，大宇集团总裁金宇中拿着4美元创业，在短短的10年间便创造了超过700多亿美元总资产。其公司在世界跨国企业中排名第115位。可是如今，昔日辉煌的大宇集团已经不复存在，旗下的分公司纷纷倒闭，集团也因为资不抵债而宣布倒闭。

中国有句古话："瘦死的骆驼比马大。"这么大的集团，怎么说倒闭就倒闭了呢？前后差距为什么如此之大，究竟是什么原因导致了这样的结果？原来是金宇中在成功之后，骄傲自满，独断专行，而且做事考虑得极不周全。

在发展新公司的时候，他不顾大局，大量消耗人力、物力，盲目扩张分公司规模。旗下的分公司达到600家之多，这样的结果导致企业出现了资金周转困难等等一系列问题，最后到了不可收拾的地步。

在商业竞争中，类似大宇集团这样的案例多得数不胜数，如南德、三株这样国内的知名企业，有哪一个不是曾经风靡一时，它们的领导者也一度被传为商业界的神话。但是，好景都不长，直到销声匿迹，再也寻不到他们的踪迹。他们有一种共同点，就是沉醉于过去的辉煌中，看不清眼前的形势，结果一步步走向深渊。

一位商界名人说过："当别人都把你当作英雄的时候，你千万不能把自己当作英雄。"是的，因为没有人会一辈子是英雄，最辉煌的时候，往往也是最危险的时候。倘若被眼前的光芒所蒙蔽，自认为自己的能力不错，没有任何困难能够阻挡得住你，那么事实就会告诉你：你的想法是错误的。

所以，如果你现在正享受着成功的喜悦，那么请你不要骄傲，也不要沉醉，因为同样有很多名人曾有过与你相同的境遇，并且他们之后很难再取得像之前那样辉煌的成就，甚至有的人还会因为骄傲让自己损失惨重。因此，可以说，人生中最重要的不是我们目下在什么地方、拥有什么样的条件，而是我们正在朝着什么方向迈进、在付出什么样的努力！其实，每个人的成功都是可以延续下去的，只要能够清除那些傲慢、得意的病菌，就仍然可以让你继续成就和荣耀。

松下幸之助，被人称为"经营之神"，他在事业上取得的成就和辉煌为人所艳羡。但是，这位功成名就的企业家也并非一帆风顺，他有得意之时，但也曾经历过失意。

20世纪三四十年代，"二战"爆发了，已经步入辉煌期的松下企业陷入了危机。面对这种情况，他没有每天靠回忆过去的辉煌度日，而是时时反省自己，找出自己经营上的劣势、管理上的不足。

几经思考后，他提出了“重新开业”的口号。他将自己定位成一个创业的中年人，而不是一个业界有名的企业家。他对员工说：“公司从33年前创办至今，这算是第一期，由1951年起算是第二期的开始。当公司设立、开办业务的时候，一切事情都应以谦虚的态度向人家学习。现在要重建我们的事业等于重新开业，我衷心期盼的是，恢复当年开办小店时的热情及对人对事的态度。”松下幸之助的努力没有白费，松下电器再次崛起，从此独步于世界电子业诸强之列。

“苹果之父”史蒂夫·乔布斯曾说过一句话：“虚怀若谷，求知若渴。”得意之时，我们要淡定从容，并主动放下自己的辉煌身段。这样，我们就能够更清晰地认识自我，客观地看到优点和不足，心灵空间也会随之变大，装入更多的成功。而反之，则会沉浸在一点点的得意之中，永远迈不出这一步了。

成功是值得开心、值得回味的，但人总要向前看，不能一直停留在过去。时光不等人，不管你是通过怎样的拼搏才有了今天这样骄人的成绩，若是你不懂得巩固自己的成就，不懂得向着更高的地方努力，那么最终你将会失去一切，你的成功也不过是镜花水月，只能供你回忆罢了。

“人外有人，天外有天”。曾经的胜利、曾经的辉煌，就让它留在心底，闲来无事，偶尔拿出来安慰一下自己没有什么不可以的，但万不可把它当成永远的荣耀而故步自封。大文豪王尔德说过：“人们把自己想得太伟大时，正足以显示其本身的渺小。”一个真正的智者，是不愿靠吃老本生存的，更不会原地踏步，而是力求百尺竿头，更进一步。

一个人如果总是沉浸在过去的得意之中时时缅怀，就不能发现自我、挑战自我和超越自我。其实，我们每个人都有属于自己的一份精彩，但在人生之路上前行，难免会碰到一些令自己痛苦、迷茫、彷徨的事情，如果你不能超越，只想投身于过去的辉煌中寻找慰藉，那就会迷失方向。不如把它们当成自我的一种挑战，战胜了这些，你就会开辟人生的新篇章。

希望给了自己一个光明的未来

“怯懦囚禁人的灵魂，希望才可感受自由。”这是电影《肖申克的救赎》里主人公安迪所说的一句话。

也许，现实生活的残酷远没有电影结局所表现出来的画面那般动人，但当我们面临人生困境的时候，是绝望还是希望，却是可以从中获得启迪的。就像那句话说的：“你不必害怕沉沦与堕落，只要你能不断自拔与更新。”而这种更新的基础，就是内心永远憧憬着未来的希望。它像一扇窗，让我们不再受制于紧紧包裹着的世界，倾听内心的世界，感受自由，体味轻舞飞扬的人生。

安迪在高墙里和瑞德聊天：“我希望去墨西哥的一个小岛；我希望去太平洋，用墨西哥的语言说，那里叫作‘失去记忆的地方’；我希望有一个小旅馆；我希望有几艘废弃的小船，然后自己动手把它修好，带着我的客人去海上钓鱼……”

而这里的高墙，就是横阻于灰暗的囚禁和纯净的自由之间的一扇屏障，是肖申克监狱的界限。更多地，它是囚禁人们内心的枷锁。

安迪就是要在这所监狱里残度余生的囚犯。在1947年的美国，缅因州的一位年轻银行家安迪被指控枪杀了妻子和她的情夫，因此被判终身监禁，从此开始了在肖申克监狱里的生活。安迪并没有杀人，但在监狱里的每个人都声称自己是“被冤枉的”，因此他的申诉显得是那么苍白可笑。

肖申克监狱里还有另一名罪犯，是那里的“权威人物”，因谋杀罪被判终身监禁，已服刑 20 年，但数次申请假释都未获批准，他叫瑞德。之所以说他“权威”，是因为瑞德可以为囚犯们弄来香烟、糖果、酒，甚至是大麻。瑞德答应帮安迪弄到一把岩石锤，让他通过雕刻石头来消磨监狱里的时光。

而安迪面对残酷的现实，在 20 年的时间里，利用这把小小的岩石锤挖通了牢墙。终于，在一个风雨交加的夜晚，安迪爬过 500 码的下水道，逃出了牢笼。

获得自由的安迪揭发了典狱长的恶行，并且利用典狱长贪污受贿的钱在太平洋上买了座小岛。后来，瑞德获得假释。在一个阳光明媚的天气里，两位牢友终于在太平洋上那座自由的小岛上重逢。

不管经过多长时间，不管经历过怎样的困境，安迪的希望最终都实现了。因为，他一直相信自己有未来，不管他生活的环境多么肮脏，他都不认为这是自己人生的终点。有多少人终其一生都没能到达理想的国度，在现实中自怨自艾。其实并不是命运不给你机会，而是你放弃了心中的阳光，任由乌云占据自己的内心，让潮湿的心发霉、腐烂，最终希望也化为乌有。

希望也是一种坚持，你坚信乌云背后有阳光，就可以在漫长的黑暗中默默等待，直到阳光普照、美好到来。

诚然，生活中有太多的东西是不以人的意志为转移的，也有很多时候是令我们失望的。也许，我们做着自己并不喜欢的工作，我们一直没有缘分和自己心爱的人在一起；就连每年过生日或除夕零点时许下的愿望也都不一定能实现。太多的希望都只是在人们双手合十中跳跃，却从来没能进入到我们的生活。

然而，那长存于我们每个人心中的自由和希望是如此迫切地需要救赎。这就如同需要一个公正的上帝，来通过安迪安慰和拯救更多的灵魂。

在囚犯们外出劳动时，安迪争取到警卫队长的信任，通过自己的会计专长为大家赢得了两箱冰镇啤酒。囚犯们兴高采烈地喝着久违的啤酒，而安迪只是坐在一旁微笑着注视着这一切。

就连瑞德都说，那一刻，“我们坐在春光下喝着啤酒，像自由人在修理自家的屋顶一样，我们是万物之主”。

其实，安迪冒着生命危险想要赢取的绝非这区区两箱啤酒。他从来不曾放弃的，是他自己和其他囚犯自由的感觉，哪怕这种希望只有一点点。

从这个细节我们不难看出，尽管自己身陷冤狱，尽管自由已经被剥夺殆尽，但是安迪却从未丧失信心，一直对未来充满了希望。影片中说：“有一种鸟是永远也关不住的，因为它的每片羽翼上都沾满了自由的光辉。”

在最易磨灭希望的监狱里，安迪用这些方式提醒着自己和身边的人们——这世上还有无法用高墙铁栏围起的地方，这是任何人都无法随意触摸的：这便是存于每个人心底的希望！只要有希望，一切就都有可能。

6年里，安迪每周都会给州长写一封信，希望得到捐助扩建图书馆。开始人人都说不可能，但他最终建成了全美最大的监狱图书馆，让囚犯们享受着音乐的洗礼，接触到外界的知识。在辅导年轻囚犯考取高中文凭时，安迪将对方揉烂的试卷从废纸篓中拾起、寄出，最终使对方获得了文凭认证。

其实，每个人都是自己的囚徒，人们在自己的心灵外围建起了不可逾越的高墙，在上面设置了电网，暗示自己不能逾越，或许是一种自我保护，但也是一种自我封闭。没有绝对的绝境，只有相信绝境的人。

希望让人自由。只要心存希望，就没有过不去的狂风和暴雨。相信希望，就是给了自己一个光明的未来！

第八章

心可高飞，脚要植根于勤奋的土地上

人的一生不可能一帆风顺，遇到挫折和困难是难免的。当你的人生走到了“山”的顶峰，必然会走下坡路，但如果你能做到坦然面对、心态放平稳，在忍耐中让自己变得更加坚强，让生命更具张力，那么你就有可能会在难言的忍耐之后获得爆发的机会。

在忍耐中让心灵得到磨砺

如果将人生比作一场表演的话，那么只有让她更具张力，你的表演才更有内涵。因为有了张力，水珠会变得晶莹剔透、饱满圆润；有了张力，人生就会不鸣则已，一鸣惊人。

生命是一张上帝签发的支票，就看你怎样去用。如果你善于忍耐，敢于用暂时的屈服来处理不利的境遇，那么，你的人生就会更具张力，你的这张支票也就实现了价值的最大化。

台湾著名作家柏杨曾经是一个“火暴浪子”，他尖锐、激进：1979 年，他被捕入狱，5 年以后才被放出来。5 年的牢狱生活彻底改变了他，他成为了“谦谦君子”，变得理性、温和。就连周围的人都感到惊奇：“现在的柏杨很有同情心，也知道替别人留余地，不像从前，总是那么火辣辣的。”

其实，柏杨不是没有过怨恨、绝望，他后来回忆狱中生活时说，自己也曾经怨过、恨过。那段日子他经常睡不着觉，半夜醒来时发现自己竟然恨得咬牙切齿，就这样大约持续了一年。后来，他意识到不能这样继续下去，否则，他不是闷死，就是会被自己折磨死。

想明白后，他坦然地面对一切，开始大量阅读历史书籍，光是《资治通鉴》前后就读了三遍。这些书籍带给了他宝贵的精神食粮，他从这些书籍中领悟到：历史是一条长河，个人只不过是非常渺小的一滴水。他明白了一个道理：生命的本质原本就是苦多于乐，每个人都在成功、失败、欢乐、忧伤中反反复复，只要心中常常保有爱心、美感与理想，挫折反而是使人向上的动力，使人的生命更具张力。

当柏杨耐下心来以后，他发现心境变得平和，思路也越来越开阔，后来，他在牢中完成了三部史学巨著。

英雄等待出头之日，必须要忍耐。在无尽的忍耐中，让心灵得到磨砺，让生命更有张力。生命是否具有张力，完全取决于你自己。上帝用心良苦，让你通过另一种方式来获取幸福的人生，你要有悟性，放下悲痛，坦然面对，幸福就会从顿悟的瞬间开始。

人的一生不可能一帆风顺，遇到挫折和困难是难免的。当你的人生走到了“山”的顶峰，必然会走下坡路，但如果你能做到坦然面对、心态放平稳，在忍耐中让自己变得更加坚强，让生命更具张力，那么你就有可能在难言的忍耐之后获得爆发的机会。

小不忍则乱大谋

“生当作人杰，死亦为鬼雄。至今思项羽，不肯过江东。”这是著名女词人李清照赞颂西楚霸王项羽的一首诗，诗中虽然充满了豪情，但却难免给人英雄气短的感觉。试想一下，如果当年项羽能够忍受一时的屈辱，过得江东之后重整人马，那么历史便很有可能被改写。

而他的对手刘邦，则将一个“忍”字发挥到了极致。刘邦为了将来的前程似锦，忍住浮华诱惑，锋芒暂隐，静待转机。这也许正是他最终胜出项羽的原因。咸阳城内王室发生的剧变，已经明显影响到了秦军的士气，恰逢刘邦招降，众士兵正中下怀，项羽这边听说刘邦西征军已经接近武关的消息，也颇为着急。章邯投降后，项羽不再有任何阻碍，率军火速攻向关中盆地的东边大门——函谷关。

十月，刘邦军团进至灞上。咸阳城已完全没有了防卫的能力，秦王子婴主动投降，秦王朝正式灭亡。

刘邦大军历尽千辛万苦终于进入咸阳，此时刘邦对日后称霸天下有了莫大的野心和信心。同时，面对扑面而来的荣华富贵，喜好享乐的他竟然一时忘乎所以，自然忍不住心动。想起年少时的狂言：“大丈夫当如是也。”一切都这样不可思议地唾手可得。但在张良等人的劝说下，为了长远的将来，刘邦放弃了享乐之心。

一个“忍”字的功夫怎生了得，它成全了刘邦，是刘邦成就霸业不可多得的秘密武器。而项羽，在民心方面明显不如刘邦。项羽嗜杀成性，不管对方是否投降，一律会斩杀掉。他曾在一夜之间设计歼害了二十万秦国降军。项羽因为此事在秦国百姓心中臭名昭著。

项羽残杀秦国兵士，刘邦却与秦地父老约法三章，谁是谁非，天下人自然明白。刘邦轻易便为自己赢得了百姓的信任，项羽虽然勇猛，但是做一国之君的话尚嫌粗莽。在这一节上，刘邦的功夫显然比项羽的功夫要到家。但是刘邦并非一忍再忍，还军灞上之后，仍对咸阳城念念不忘，从而犯下了一个致命错误。

随后，刘邦在“鸿门宴”中更是将“忍”刻在了心头。这一场心理战，决定了最后的结局。刘邦在得知项羽要进攻的时候，镇定地用谎言骗住了项羽，使得项羽留给刘邦一条生路。而项羽始终是轻敌的，尤其忽视了刘邦这个手下部将。他认为以刘邦的兵力，绝对不是他的对手。但是刘邦不跟他斗勇，刘邦喜欢斗智。

这就注定了项羽的悲剧命运。就勇猛来说，项羽力拔山兮气盖世；就智慧来说，项羽也不乏胆识与聪明；就实力来说，项羽是一代霸王，有过众望所归的气势。然而，就是一个不能忍，破坏了全部的计划，影响了最终的结局。可见，忍字的力量无穷无尽。

小不忍则乱大谋，忍人一时之疑、一定之辱，一方面是为了脱离被动的局面，同时也是一种对意志、毅力的磨炼；另一方面，还可以为日后的发愤图强和励精图治奠定基础。而不能忍者，则要品尝自己急躁播下的苦果。

委曲才能求全

很多时候，暂时的败、一时的退、短期的弱对事业和人生来说不一定都是坏事。相反，它会为你的下一次进步积蓄冲击力。为人处世要有退步的气魄，要学会退，以退为进。要学会委曲求全，始终相信纵然有一时的不如意，也终将成为过去。

委曲求全一词蕴含着古人的智慧，只有委屈一时，才能让怒火消除，让人冷静处事，那么做错事的概率也就会降到最低。

明朝安肃有个叫赵豫的人。宣德和正统时期，他曾经担任松江知府。在任期间，赵豫对老百姓问寒问暖、关怀备至，深得松江百姓的爱戴。

赵豫有一个非常奇特的处理日常事务方法，他的下属称之为“明日办”。每次他见到来打官司的，如果不是很急很急的事，他总是会慢条斯理地说：“各位消消气，明日再来吧。”起先，大家对他的这套工作方法不以为然，认为这实在是一个懒惰拖拉的知府，甚至还暗地里编了一句“松江知府明日来”的顺口溜来讽刺他，都叫他“明日来”。

赵豫性格稳重、为人宽厚，听到这个绰号淡淡地笑笑，从不责备给起他绰号的人。因为他的态度和蔼，对下属从没有声色俱厉过，所以那些下属有什么话都敢于跟这位知府老爷说。

一天，一个下属问他：“大人，您为什么要这样做？这样做太伤害您的名誉了。”赵豫于是解释了“明日再来”的好处：“有很多人来官府打官司，是由于一时的激愤情绪，而经过冷静思考后，或者别人对他们加以劝解之后，气也就消了。气消而官司平息，这就少了很多恩恩怨怨。”

赵豫此招甚妙，虽然给自己戴上了“懒惰拖拉”的帽子，但是人们的情绪却能够冷却下来，官司因此而平息，百姓因此而和睦，由此我们可以说：“委屈可以求全。”退后一步，对事情进行“冷处理”，有助于缓和情绪，可以让问题得到更好的解决。赵豫“明日再来”这种处理一般官司的做法，是合乎人的心理规律的。经过一天的冷却，当事人都已不再很急躁，能够理智地对待所发生的一切。这种“冷处理”包含着为人处世的高度智慧，把它用在生活中会避免不必要的争执。

正如跳高、跳远，要退到后面很远的地方，起跳时才会有更强的冲击力。生活也是如此，退后一步，就是为了更好地前进。一时的委屈是为了永久的安然。忍一时的不冷静，对人对己都有好处。当不愉快的事情发生后，退一步想，就会海阔天空。在实际生活中，不管你多么有能耐、多么无情，总是有人比你更有能耐、更加无情。拼个鱼死网破，倒不如后退几步、另求他路。

古往今来，安身处世者大有人在，曲径通幽、卧薪尝胆、委曲求全，最终成大业者都经历过退步，才能做出轰轰烈烈的壮举。退后一步，即使一时处于低势，但在心灵上获得了某种轻松、潇洒的感觉，在精神上则做好了向前冲的准备。

忍下来就是向前一步

小不忍则乱大谋，小不忍难成大器，这是中华民族五千年来的浓缩智慧，是华夏子孙生生不息的古老传承。能承受者，不计较一城一池的得失，更不会逞一时的口舌之快；笑到最后，才是笑得最好，能成功者，首先要能够付出，其次是能够承受，最重要的是能够忍耐。武则天是中国历史上唯一的一位女皇，对于她的评判历来毁誉参半，作为一名杰出的政治家，她固然有其奸诈、阴狠的一面，但是她的大气、豪迈也令后来者为之赞叹。

徐敬业在扬州造反时，骆宾王起草了讨武檄文，曰："昔充太宗下陈，曾以更衣人侍，洎乎晚节，秽乱春宫，潜隐先帝之私，阴图后庭之嬖……践元后于翠翟，陷吾君于聚麀。加以虺蜴为心，豺狼成性，近狎邪僻，残害忠良。杀姊屠兄，弑君鸩母。人神之所同嫉，天地之所不容……试看今日之域中，竟是谁家之天下！"

如此的谩骂攻击，连那些读檄文的大臣也为之色变，但是武则天却非常欣赏为文者的文采，竟询问檄文的作者是何人。当她知道是骆宾王时，叹道："如此天才使之沦为叛逆，宰相的过错呀。"没有如此的慨然大气，恐怕武则天无论有多少雄才伟略、阴谋诡计，也无法打破"女子不得干政"的天规铁律，将大唐江山牢牢掌控在手心。

不与侮辱自己的敌人计较，并不是说要让自己毫无原则，而是要忘却侮辱带来的烦恼，化敌为友，展现自己的素养。

哲学家康德曾说过：“生气，是拿别人的错误惩罚自己。”人与人的差别，有时在于如何对待受气，在于能不能承受“气”。

在非洲的草原上，有一种吸血蝙蝠。它的身体极小，但却是野马的天敌。这种动物专靠吸动物的血生存，它在攻击野马时就附在马腿上，用锋利的牙齿刺破野马的腿，然后用尖尖的嘴吸血。无论野马怎么发疯地蹦跳、狂奔都无法驱赶掉这种蝙蝠。而蝙蝠却可以从容地吸附在野马身上或是落在野马的头上，直到吸饱吸足后才心满意足地飞去。而野马常常会在暴怒、狂奔、流血中无可奈何地死去。

动物学家们在分析这一问题时，一致认为吸血蝙蝠所吸的血量微不足道，远不至于会让野马死去，野马的死是由于它本身暴怒的习性和狂奔所致。

不能忍者必然会被焦虑、愤怒、抑郁等不良情绪困扰着，导致情绪失控，其实最后受伤害的还是自己。对于理智的人而言，学会忍耐是必不可少的人生功课。俄国文学家屠格涅夫说过：“开口之前，先把舌头在嘴里转个圈”，即动怒之前先不讲话，以缓和不良情绪。当需求受阻或遭受挫折时，可以用满足另一种需求的方式来减弱自己的挫败感，以发挥自身的优势，激发自信心。

感谢曾经折磨过自己的人

罗曼·罗丹曾说过："只有把抱怨别人和环境的心情，化为上进的力量，才是成功的保证。"命运的挫折磨难可以使人脆弱萎靡，也可以使人坚强冷静。学会忍耐，你就能够把握住自己的命运。

无论你是位高权重还是富甲一方，都会遭遇折磨你的人，那么，当你面对这些折磨你的人时，你是通过忍耐来不断改进自己加以适应，还是怒不可遏、跟自己过不去？很显然，选择前者是明智之举。

艾柯卡是美国汽车业最为优秀的经营巨子，他曾任职于世界汽车行业的领头羊——福特公司。由于其卓越的经营才能，艾柯卡的地位不断高升，直至坐上了福特公司的总裁位置。

就在艾柯卡志得意满、事业如日中天的时候，福特公司的老板——福特二世出人意料地解除了艾柯卡的职务，原因是艾柯卡在福特公司的声望和地位已经超越了福特二世，他担心自己的公司有一天改姓为"艾柯卡"。

艾柯卡成了功高盖主的牺牲品。他一下从人生的辉煌跌入了谷底，他坐在自己的小办公室里思绪良久，终于毅然决然地下定决心，离开福特公司。

在离开福特公司之后，艾柯卡最终选择了美国第三大汽车公司——克莱斯勒公司。很多人都不理解艾柯卡，因为此时的克莱斯勒已是千疮百孔、濒临倒闭的公司。想必除了这家风雨飘摇的企业外，艾柯卡还有很多更好的选择，因为这段时间有很多世界著名企业的总裁都拜访过艾柯卡，希望他能重新出山，但艾柯卡一一谢绝了。其实，艾柯卡心中只有一个目标，那就是“从哪里跌倒的，就要从哪里爬起来!”他要向福特二世和所有人证明，艾柯卡的确是一代经营奇才!

接管了克莱斯勒公司后，艾柯卡进行了大刀阔斧的改革，辞退了32个副总裁，关闭了16家工厂，从而节省了公司很大一笔开支。一方面，整顿后的企业规模虽然小了，但却更精干了。另一方面，艾柯卡仍然用那双与生俱来的慧眼充分洞察人们的消费心理，把有限的资金都花在了刀刃上。根据市场需要，他以最快的速度推出新款车，从而逐渐与福特、通用三分天下，并最终创造了一个震惊美国的神话。

这时福特才开始后悔，但是为时已晚。1983年，在美国的民意测验中，艾柯卡被推选为“左右美国工业部门的第一号人物。”1984年，在由《华尔街日报》委托盖洛普进行的“最令人尊敬的经理”的调查中，艾柯卡居于首位。同年，克莱斯勒公司营利24亿美元。

一个折磨你的人，却往往是成就你的人。的确，你只有感谢曾经折磨过自己的人或事，才能体会出那实际上短暂而有风险的生命意义；你只有懂得宽容自己不可能宽容的人，才能看到自己目标的远阔，才能重新认识自己……

有所忍才能有所成，内圣才能外王，守柔才能刚强。要知横逆之来，不可便动气，先思取之之故，即得处之之法。

狂风暴雨往往会摧残禾苗的生长，但却也是它们结果的必然条件。当折磨你的人出现时，说明你的成功机遇已经来临。当然，这得需要你学会忍耐，接受那些肆意的折磨与侮辱，梅花香自苦寒来，只有耐得一时之苦，才会享受一世之甜。

享受寂寞才能获得宁静

西方有位哲人在总结自己的一生时曾说过这样的话："在我整整75年的生命中，我没有过过四个星期真正的安宁。这一生只是一块必须时常推上去又不断滚下来的崖石。"所以，追求宁静，或者是追求寂寞对许多人来说都成了一个梦想。由此看来，寂寞并不是每个人都能享受得到的。

可是，现实生活中，许多人害怕寂寞，时时借喧嚣来躲避寂寞、麻痹自己。在滚滚红尘中，已经很少有人能够固守一方清静、独享一份寂寞了，更多的人脚步匆匆，奔向人声鼎沸的地方。殊不知，热闹之后的寂寞更加寂寞。我辈如能在热闹中独饮那杯寂寞的清茶，也不失为人生的另类选择与生存。但是，寂寞并不是每个人都会享受的！

只有对未来进行抗争的人，才有面对寂寞的勇气；在昔日拥有辉煌的人，才有不甘寂寞的感受。

为了收获而不惜辛勤耕耘、流血流汗的人，才有资格和能力享受寂寞。

寂寞是一种难得的感觉，只有在拥有寂寞时，你才能静下心来悉心梳理自己烦乱的思绪；只有在拥有寂寞时，你才能让自己成熟。不在寂寞中升华，就在寂寞中死去。

许多人把失意、伤感、无为、消极等与寂寞联系在一起，认为将自己封闭起来就是寂寞，而其实这是一种误解。倘觉得这样会超越生活，不仅是限制生命的成长，还会与现实产生隔阂，这样的人只是在逃避生活。

寂寞是一种感受，是一种难得的感觉，是心灵的避难所，会给你足够的时间去舔舐伤口，重新以明朗的笑容直面惨淡的人生。

懂得了寂寞，便能从容地面对阳光，将自己化作一杯清茗，在轻啜深酌中渐渐明白，不是所有的生长都能成熟，不是所有的欢歌都是幸福，不是所有的故事都会真实，有时，平淡是穿越灿烂而抵达美丽的一种高度、一种境界。

当寂寞来临时，轻轻合上门窗，隔去外面喧嚣的世界，默默独坐在灯下，平静地等待身体与心灵的融合，让自己从悲欢交集中净化思想。这样，被一度驱远的宁静才会重新回归。你静静地用自己的理解去解读人世间风起云涌的内容，思考人生历程中的痛苦和欢悦。你不再出入上流社会，也就不再对那些达官显贵们摧眉折腰；人们不再追逐你、不再关注你，你也会因此而减少流言的中伤。当你真实管窥了人生的丰富与美好、生命的宏伟和阔大，让身心平直地立在生活的急流中，不因贪图而倾斜、不因喜乐而忘形、不因危难而逃避，你就读懂了寂寞、理解了寂寞。于是，寂寞不再是寂寞，寂寞成了一首诗、成了一道风景、成了一曲美妙的音乐。于是，寂寞成了享受，使我们终于获得了人生的宁静。

寂寞来时，请轻轻闭上双眼，去聆听远方的鸟鸣，去感受灵魂深处的快乐。

忍辱负重，以谋大业

俗话说得好："留得青山在，不怕没柴烧。"人的一生充满了风风雨雨、跌宕起伏，当一个人被命运甩到最低谷时，应该始终抱着这样的想法：只要生命尚存，就有东山再起的机会。即便颜面尽失，也要忍辱负重，以谋大业。

人为活而生，不是为死而生，活着就有希望。所有问题都有它的两面性或多面性，在生与死的边缘，弃死求生才是正确的抉择，为了成就明日的伟业，暂且"苟且偷生"也未尝不可。

1076 年，德意志神圣罗马帝国皇帝亨利与教皇格里高利争权夺利，斗争日益激烈，发展到了势不两立的地步。亨利想摆脱罗马教廷的控制，教皇则想把亨利所有的自主权都剥夺殆尽。

在矛盾激烈的关头，亨利首先发难，召集德国境内各教区的教士们开了一个宗教会议，宣布废除格里高利的教皇职位。而格里高利则针锋相对，在罗马的拉特兰诺宫召开了一个全基督教会的会议，宣布驱逐亨利出教，不仅要德国人反对亨利，也要在其他国家掀起反亨利的浪潮。

教皇的号召力非常大，一时间，德国内外反亨利的力量声势震天，特别是德国境内大大小小的封建主都兴兵造反，向亨利的王位发起了挑战。亨利的王位与生命都遭受着严重的威胁。

亨利面对危局，被迫妥协，于 1077 年 1 月身穿破衣，只带了两个随从，骑着毛驴，冒着严寒，翻山越岭，千里迢迢地前往罗马，向教皇认罪忏悔。

但格里高利故意不予理睬，在亨利到达之前躲到了远离罗马的卡诺莎行宫。亨利没有办法，只好又前往卡诺莎去拜见教皇。

到了卡诺莎后，教皇紧闭城堡大门，不让亨利进来。为了保住性命与王位，亨利忍辱跪在城堡门前求饶。当时大雪纷飞、天寒地冻，身为帝王之尊的亨利屈膝脱帽，一直在雪地里跪了三天三夜，教皇才开门相迎，饶恕了他。这就是历史上著名的“卡诺莎之行”。

最后，亨利被恢复教籍、保住了王位并返回德国。

也许有人会对亨利的这种做法嗤之以鼻，认为此举低三下四、尊严尽失。但亨利放弃进攻、主动讨饶，得到了教皇的饶恕，这才保住了性命、保存了实力。

亨利返回德国后，集中精力整治内部，先把曾一度危及他王位的内部反抗势力逐一消灭。阵脚稳固之后，他立即发兵进攻罗马，以报跪求之辱。在亨利的强兵面前，格里高利弃城逃跑，客死他乡。

所以，留得青山在，不怕没柴烧，德国皇帝雪地长跪求教皇的目的就是以吃“眼前亏”来换取以后的利益，为了生存和实现更高远的目标。如果因为不肯暂时低头而蒙受巨大的损失，甚至把命都丢了，哪还谈得上未来和理想？就连李广这样的血性将军也懂得这样的道理，忍辱负重实乃大丈夫所为。

公元前 129 年，汉将军李广一时失利不幸被捕，成了匈奴的俘虏。李广在战斗中身负重伤，伤口血流如注、脸色惨白。匈奴骑兵把受伤的李广放进一个绳子编织的大兜里，架在两匹马中间，边拖边走。

一路上，过去深受李广打击的匈奴骑兵不断讥笑侮辱着李广：这位一代名将不言不语，紧咬牙关，闭上双眼，心里怒火中烧，但就是忍着不出声。同时，各种念头在李广脑中飞速转动，他在寻找机会逃脱。而匈奴骑兵见李广眼皮合着，渐渐地失去了警惕。

又行进了一段路，李广突然飞身扑到一骑兵身上，说时迟，那时快，他一把夺下骑兵手中的弓箭，又一记重拳将其击落马下，待其他匈奴兵反应过来时，李广骑着马已跑出了老远。就这样，李广才死里逃生，后来在北击匈奴的过程中立下了赫赫战功。

甘地说过："生由死而来。麦子为了萌芽，它的种子必须要死了才行。"暂时的退是为了更好的进，舍弃是为了获得，是还想要有更大的作为。

所以，"留得青山在，不怕没柴烧"是一种大智慧。拥有这种大智慧的人是真正有远见、有毅力的人，这样的人在任何情况下都不会绝望，只有这样的人才能赢得人生的最后胜利。

不改变会一直很难

人的生命历程就像海浪一样，总是在高低起伏中前进。在前进的路途中，有时我们会碰到一道又一道难以翻越的坎儿，这些坎儿就是我们人生的瓶颈。卡在这个瓶颈中，我们会有种既上不去又下不来的感觉。如果卡在那里的时间过长，恐怕我们的斗志将会被慢慢磨灭，甚至最后会自我放弃。所以，我们要不断超越自己，突破人生的瓶颈。

20世纪80年代，百事可乐公司异军突起，使可口可乐公司遭到了强有力的挑战。为了扭转不利的竞争局面，塞吉诺·扎曼临危受命——经营可口可乐公司。

扎曼采取的策略是更换可口可乐的旧模式，标之以“新可口可乐”，并对其进行大肆宣传。但在新的营销策略中，扎曼犯了一个严重错误，他将老可口可乐的酸味变成甜味，没有考虑到顾客口味的不可变性，这就违背了顾客长期以来形成的习惯。结果，新可口可乐全线溃败，成为继美国著名的艾德塞汽车失利以来最具灾难性的新产品，以至于79天后，“老可口可乐”就不得不重返柜台支撑局面——改名为“古典可乐”。

扎曼策略性的失败对他在公司的地位造成了巨大负面影响，不久，他就在四方的攻击声中黯然离职。在扎曼离开可口可乐公司后的14个月中，他非常愧疚，没有同公司中的任何人交谈过。对于那段不愉快的日子，他事后回忆道："那时候我真是孤独啊！"但是扎曼没有丧失希望、放弃自我。

世上没有永远的失败，失败只不过是成功人生的其中一个步骤而已，经历人生的瓶颈只是一时的，人生如果没有经历过挫折，那就不会享受到真正的成功，成功其实就是一连串失败的结果。对于扎曼来说尤其如此。

扎曼经过一年多的调整期后，与另一个合伙人开办了一家咨询公司。他用一台电脑、一部电话和一部传真机，在亚特兰大一间被他戏称为"扎曼市场"的地下室里，为微软公司和酿酒机械集团这样的著名公司提供咨询。后来，扎曼先生为微软公司、米勒·布鲁因公司等一大批客户成功地策划了一个又一个发展战略。

经过努力，扎曼在咨询领域成绩斐然，此时可口可乐也来向他咨询，并请他回来重新主持公司的额工作，可口可乐公司总裁罗伯特也承认："我们因为不能容忍扎曼犯下的错误而丧失了竞争力，其实，一个人只要运动就难免有摔跟头的时候。"

是啊，人生难免会摔跟头，一时的失意并不可怕，只要不失去希望、失去志向，就能突破人生的瓶颈，赢得属于自己的一片天空。历史上的许多伟人和成功者都有过失意的时候，而他们都能够做到失意而不失志，胜不骄，败不馁。

蒲松龄一生都梦想为官，可最终也没能如意，但他是幸运的，因为他能及时反省，调转人生的航向，找到他人生的另一片天空，这才有了《聊斋志异》的流芳百世，他的大名也永载史册。

司马迁因李陵一案而官场失意，可他没有被打垮，不屈不挠的精神反而成就了他被称誉为"史家绝唱，无韵离骚"的中国历史巨著——《史记》。

美国伟大的总统林肯一生经历了无数失败和困苦，但他最终还是得到了成功女神的垂青，成为美国历史上与华盛顿齐名的伟人。试想，如果他不能坚持到最后，每一次失败都将有可能把自己的未来之路堵死。

成功学家拿破仑·希尔认为：“不管如何失败，都只不过是不断茁壮发展过程中的一幕。”一位哲人也说过：“成功是由若干步骤组成的，人生的低谷只是其中的某个步骤而已，如果在那里停止了前进的脚步，那将是非常愚蠢的。”

所以，面对人生的瓶颈，我们要坚定自己的志向，永远怀着希望与信念，以毫不妥协的精神突破这些瓶颈，走出人生的低谷。

第九章

搏击风雨，为激情插上奋飞的翅膀

激情，是鼓满船帆的风。理想是座灯塔，指引我们乘风破浪。我们要满怀激情和理想地去拼搏奋斗，尽情地搏击风浪，尽情地绽放自我，从而照亮幸福的方向。

有梦想就要立即去追寻，即使没有充分的准备，即使没有学到足够的知识，即使尚未拥有瞄准目标的技巧和能力。你永远不会知道就在自己回头做充分准备的时候，机遇是否就此与你擦肩而过。

拥有激情就会拥有圆满的人生

有句话说："兴趣是最好的老师。"同样的事情交给同样能力的人去做，有兴趣的人往往能做得更为出色。原因不是别的，就是因为兴趣为人提供了一种不竭的激情。正是这样的激情，使得同样的事情有了不同的结果。

没有激情的人生只能是一潭死水，对工作没有激情，便只是被动地完成手头的工作；对生活没有激情，便只是机械地从一天到另一天耗费生命；对未来没有激情，便只是徒增岁月而不增收获。

人生，就是因为拥有激情，才有了所有的美好。只有处处激情的人生，才是处处满意的人生。

甲和乙是同学，他们同时毕业、同时参加工作。在同学眼中，无论是在技能上还是在智商上，甲都比乙要强得多，他们认为将来甲肯定会比乙混得好。而且乙看起来又傻又笨的，肯定没什么发展。在甲眼里，乙就是一个傻乎乎的小兄弟。

两年过去了，甲还是一事无成，而乙则进步飞快，还被单位评为"技术能手"。为什么仅仅两年时间就变化如此之大呢?

刚踏出校门的时候，甲认为自己很聪明，觉得自己做这样的工作是大材小用，对于工作毫无激情，也没兴趣，遇到困难总是找各种借口躲开。久而久之，他变得懒惰，在领导师傅眼里也留下了"烂泥扶不上墙"的坏印象。结果对他彻底失去信心，最后放弃他，不管他了。而他也慢慢地自我放弃了，到最后连温饱都成了问题。

而乙刚刚参加工作就带着一股充满激情的“傻劲”，遇到问题，本来与自己无关的事，其他人躲都来不及呢，他却偏要去琢磨。时间一久，在单位里，从领导到师傅都喜欢上了乙的这股激情般的“傻劲”，认为这小伙子是个可塑之才，于是有意加以培养。乙的进步飞快，新点子、新方法层出不穷，时不时就给人来个新的惊喜，为单位创造了不少效益，结果被单位评为“技术能手”。

正是由于乙从始至终都带着一种对工作的激情，才使其从一个不被看好的、被认为没有任何发展前途的人摇身一变，成为了一个被单位同事敬重的“技术能手”。而甲从一开始就对工作没有激情，仅凭借着自己的一点小聪明来逃避困难和责任，不求上进，久而久之，从一个意气风发的高才生沦落为一事无成的人。甲和乙的差距就在于有没有激情。

有了激情就有了想要把事情做成功、做好的欲望。没有能力、经验和资金都不可怕，我们可以通过学习、奋斗、寻找和积累来弥补，可怕的是没有激情。如果没有了激情，我们就不会想做任何事情；如果没有了激情，在遇到困难和挫折的时候，我们就没有了克服困难的力量；如果没有了激情，我们做任何事情都觉得无趣，因为我们失去了鞭策和激励我们向前奋进的动力。激情的缺失是我们通过学习、奋斗、寻找和积累弥补不了的。

拥有了激情也就拥有了奇迹，同时也就拥有了处处圆满的人生。

以激情来面对工作的人，才能收获工作的成功；以激情来面对生活的人，才能拥有生活的精彩；以激情来面对他人的人，才能赢得他人的热情……我们很多时候就像是和生活打一场壁球，运气、机遇等不过是将我们打出的球弹回来的墙壁，只有我们一开始就带着激情发球，才可能得到满意的回馈。

激情是获得成功的动力和力量，有了激情，通往成功道路的一切障碍都会迎刃而解。激情是照亮幸福的一盏明灯，让我们满怀激情地去创造属于自己的奇迹，处处有激情，才能处处有满意。

学会在风雨里微笑着前进

人的一生中，有阳光明媚的白天，也难免有凄风苦雨的夜晚。当不幸降临时，我们可以选择蜷缩在角落里哭泣，也可以用坚强的心给自己点上一盏明灯。

世界上没有迈不过去的坎儿，即使是喜马拉雅山，也有人可以站在山顶征服它。不幸也好，困境也好，对于没有足够勇气挑战它、足够毅力征服它的人来说，就是一道不可逾越的高墙；而对于有着强大内心的人来说，它则意味着是一道门，通往人生崭新的境界。

的确，不幸的降临会让人感到委屈和沮丧，但在委屈和沮丧之后不要忘记努力地去和不幸抗争。不管怎样，我们都要认清楚这样一个真理：无论生活是公平的还是不公平的，都应该摆正自己的心态。在这个世界上，没有人能解救我们，真正帮我们从不幸中解救出来的只有自己坚强勇敢的心。

海伦·凯勒在一岁半的时候因发高烧差点丧命。她虽幸免于难，但再也看不见、听不见，接着她又丧失了语言表达能力。万幸的是，她并不是个轻易放弃的人。

她去触摸、去嗅各种碰到的物品。她模仿别人的动作且很快就能自己做一些事情，例如挤牛奶或揉面。她甚至学会了靠摸别人的脸或衣服来识别对方。她还能靠闻不同的植物和触摸地面来辨别自己在花园中的位置。

海伦靠手指来感受家庭教师莎莉文小姐的嘴唇，用触觉来领会她喉咙的颤动、嘴的运动和面部表情，甚至在听不见的情况下学会了说话。最终她凭借自己的努力考入美国哈佛大学拉德克利夫学院。在大学学习期间，许多教材都没有盲文本，要靠别人把书的内容拼写在手上，因此海伦预习功课耗费的时间要比其他同学多得多。

就在这黑暗而又寂寞的世界里，海伦以优异的成绩毕业，成为了一位学识渊博，掌握英、法、德、拉丁、希腊五种文字的著名作家和教育家。她的《假如给我三天光明》感人至深。之后，她走遍美国和世界各地，为盲人学校募集资金，把自己的一生都献给了盲人福利和教育事业。她赢得了世界各国人民的赞扬，并得到许多国家政府的嘉奖。有人曾如此评价她："海伦·凯勒是人类的骄傲，是我们学习的榜样，相信众多的有疾病而聋、哑、盲的人都能在黑暗中找到光明。"

海伦·凯勒有一颗坚强、乐观的心，尽管她的生命中有过诸多不幸，但她并没有向命运低头。她以自己不息的奋斗经历告诉我们：不管遇到什么样的不幸，我们都要用坚强的心向命运发起挑战，要用自己的肩膀和双手将自己从不幸中解救出去。

那些将不幸打败，并最终走向平坦大道的人会告诉你：不幸并没有那么难以打败，只要学会坚强，学会在风雨里微笑着前进，并积极地去学习、去创造，就一定会把自己从糟糕的生活状态中解救出来。

巴尔扎克说过："不幸对于懦夫是万丈深渊。"在这个世界上，没有人想做懦夫，但很遗憾，因为实力不济、意志力不坚定，千秋万代的懦夫总是层出不穷。懦弱使他们一次次掉进万丈深渊，轻则受伤，重则万劫不复。

正在苦难中煎熬的你是要做勇往直前的勇者，还是做退缩不前的懦夫呢？懦夫容易做，只不过一旦做了，就注定一辈子无法从不幸的泥淖中走出来。做勇者虽然苦些、累些，但只要咬牙坚持一下，就能改变自己的命运，让自己获得幸福。

放下执念，接受现状

“风来疏竹，风过而竹不留声；雁过寒潭，雁去而潭不留影。故君子事来而心始现，事去而心随空。”生活中有很多东西就是如这过疏竹的风、过寒潭的雁，无论我们怎样努力也把握不住。其实，万物到头来都是一场空，与其执着于不可得之事，不如放宽心胸。当你将双臂紧紧抱在胸前的时候，你什么都得不到，而当你张开双臂时，你则会拥抱整个世界。

生而为人，很多事情我们都无法选择，我们不能选择自己的出身，不能选择自己的境遇。每个人都想成为温室中名贵的牡丹，然而若天不遂人愿，那么就放下执着，来一点蒲公英的精神，无论遭遇怎样的境况，都能够随遇而安；无论落入多么贫瘠的土壤，都努力地向深处扎根，美丽地向天空开放。如此，便也可以拥有属于自己的芬芳与美丽。

有一个从小喜欢计算机的年轻人，在十年寒窗后如愿考入了某大学计算机专业，然而其毕业时却赶上计算机行业人才饱和，一直找不到工作。为了生活，他不得不放下计算机梦而转行去做销售。

因为梦想未能达成的失落，年轻人总觉得自己做销售是屈才，工作时心里总是充满了委屈和不甘，业绩也一直不是很好。而业绩的不佳使得年轻人在自己的岗位上干得更加无味，眼看着同事们一个个买车买房，自己却还勉强维持温饱。

年轻人逢人就抱怨自己怀才不遇，每天去工作都觉得是种痛苦。

后来一位长者听了年轻人的抱怨，就劝慰他说：“既然你现在的工作是销售而不是计算机，那么你再恨现在的工作也无济于事，只能平添烦恼。不如随遇而安，接受现在的工作，把计算机当作爱好，就能在你目前的工作中做出成绩了。”

年轻人听了老者的话，反思了自己之前的态度。他开始认真对待现在的销售工作，并且利用自己的计算机特长开发了一款可供消费者对其所售产品进行全方位了解的软件。这款软件使得公司的业绩一路上升，而他的才能很快就得到了老板的赏识，老板为此特地设立了一个 IT 部门由他来负责，他的计算机梦由此得以实现。

放下执着、接受现状是一种智慧的生活态度，它可以使人保持一颗平静的心，使人能够理性地看待生活和工作中的得与失、起与落。只有走出自己拘定了的执念，才能在各种逆境中“失之东隅，收之桑榆”。

放下执念，就是换个角度、换个心态看问题。心灵获得自由，生活也就有了无限可能。

当上天给你出了一道看似无解的难题，让你的生活变得不顺利时，不要急着去埋怨、绝望；放下自己长期以来执着的东西重新审视自己的境遇，也许你会发现，造成你现有困境的仅仅是自己的执念，是你的看不开、放不下。如果换个角度放下执着，你会发现，你以为失去一切的绝境原来是拥有一切的开始。

主动接受风浪最强的锻炼

晚来天阴，乌云齐聚，山脚寺院里传来诵经的声音，其中一个小和尚由于精神“走神”，敲木鱼的时候明显节奏不对，时快时慢，似有什么心事。

住持不悦，问小和尚为何心不在焉？小和尚吞吞吐吐，终于说出了原委。原来，多日前小和尚上山时发现了一只失去母亲的雏鹰，他看小鹰无依无靠，就给它在山崖上垒了一个窝让其居住，每日照顾。现在，眼看着大雨将至，小和尚担心小鹰的性命。

“不必担心，”住持说，“雄鹰都能搏击风雨，你护得了一时，也护不了一生。”

一夜暴风骤雨，第二天，小和尚匆忙赶去山崖，没走几步，就看到一只翅膀长好的雏鹰在湛蓝的天空中飞翔，小和尚终于相信了住持的话。

雏鹰的翅膀如何能变得结实？要靠它一次次冲向天空，甚至搏击风雨。正如故事中住持所说，成长是一个人的事，没有人能照顾你一生一世。而风雨就是锤炼的过程，你经历过、战胜过，就会成为强者，就有了更多对抗困难的资本。故事中的小鹰在风雨后飞上天空，生活中的我们也同样需要在苦难中洗尽铅华。

人们经常会为自己的处境产生焦虑心理。世事难以如意，所有的路程都不会一帆风顺，总会出现或大或小的波折，灰心丧气在所难免。特别是自己不论如何努力都做不好，别人却轻轻松松步步高升时，那种焦虑更加明显，足以让人睡不香、吃不下。现代人为何那么容易失眠？因为他们认为自己机会不多，必须要抓紧每一个，所以才会事事担心，希望事事顺利。可是，焦急的结果常常是事与愿违，让他们更加一蹶不振。

苦难是财富，还是屈辱？当你战胜了苦难时，它就是你的财富；可当苦难战胜了你时，它就是你的屈辱。

在风雨中，如何保留一颗慧心，让每一次磨难将原本混沌的心境打磨得更圆润、更明晰？这需要你坚定自己的目标，要明白所有的风雨不过是另一种形式的锤炼，你不能跟着它东倒西歪，风雨越是猛烈，你越是要抱定目标、不屈不挠。要知道，在乎流言的人只能被流言拖着走；在乎成功的人，只会向目标奋起直追。还是那句话，你在乎什么，就决定你能得到什么。

被动地接受锤炼，不如主动地锤炼自己。一开始就处在顺境中的人，其实比逆境中的人更危险。他们习惯了风平浪静，走得越远，就越不知道如何应对风暴。而那些从逆境中跋涉而来的人，身经百战，早已习惯了周详布局、临危不乱。在年轻的时候，不要追求所谓的顺利，应主动接受风浪最强的锻炼，只要通过了考验，你便会获得一生中最宝贵的财富：经验、勇气、智慧，还有生生不息、不向任何环境低头的力量。

用对手激发潜能

一个人永远不会知道自己能跑多快，除非身后有一只猛虎在追；一个人也永远不会知道自己的事业究竟能达到怎样的高度，除非有一个强劲的对手和自己相互竞争。

如果人生是一场赛跑，那么朋友就是你的啦啦队，他们永远会给你鼓励、给你支持，让你即使处于落后的局面仍不放弃；而对手却是你不断超越自己不断向前飞奔的动力，让你在这场比赛中成就最辉煌的自我。

今年30岁的马瑞事业有成，当记者询问其成功之道时，他毫不犹豫地回答："因为我擅长向对手学习。"

从小学开始，马瑞就擅长给自己寻找对手，他始终盯着班上学习最好的学生，观察他的听课方法、解题思路、阅读书籍，按照对方的方法加倍努力。从小学到高中，马瑞靠着向第一名学习取得了优异的成绩。到了大学，他给自己确立了更多的对手，也学到了更多的东西。进入社会以后，这个方法更让他如虎添翼。马瑞认为，一个优秀的人应该博采众长，从对手身上学到最优秀、最有用的东西，再加上好胜心，自己便会格外努力。

马瑞又说，对手并不是敌人，他和其中几个对手是无话不谈的好友，直到现在还保持着联系。

提起对手来，人们最先想到的都是敌意、竞争这些词语，而事业有成的马瑞用自己的经验告诉他人：对手不一定是敌人，相反，他们会给你最多的启示、最大的激励。马瑞从小学起就在对手身上学习优秀的习惯，他的成功既来自于自身的努力，也来自于他为自己选择了好的对手。

想要获得成功不是一件容易的事情，除了一股不服输的精神外，还要为自己寻找适当的目标，以对手的成就激励自己，努力突破。这个“适当”需要用心把握，目标太高，容易产生心理落差；目标太低，胜利太过简单，没有难度。一个人想要出人头地，就一定会遇到对手。就像在同一个跑道上，你很努力地向前跑，却发现有些人始终在你前面，无论你怎样加速也无法超过他们，这样的人就是对手。对手会给你带来更多的磨难，甚至会导致你的失败和绝望，但是，没有对手的人生是寂寞的。就像金庸笔下的独孤求败，走遍大江南北想找一个对手，却只能每天面对着悬崖绝壁，与神雕为伴，体会高处不胜寒的孤寂感。

在拳击运动员的圈子里，年少的拳击手们梦想着有一天能够站在擂台上。擂台的另一边是泰森或者霍利菲尔德，因为能与世界拳王打擂台，证明他们也有拳王的潜能。在拳击界，一个能够选择对手的人才有真正的实力。对手的强大恰恰能体现他的价值、证明他的优秀，想要进步的人善于寻找对手，定下的目标越高，就越有拼劲，越能激励自己，甚至会学到最多的东西。

想要超过对手，先要向对手学习。从对手那里我们可以学到更多的东西，能够被我们视为对手的人，在某些方面一定比我们强很多，这个时候，对手就是现成的学习样板，我们可以本着“拿来主义”的精神，直接将他们优秀的经验消化吸收，还能够从他们的失败中总结教训。学习对手的优点，不犯对手的错误，是很多人的成功法则。当一个人掌握了对手的全部优点和缺点，知己知彼，自然能够百战百胜。

对手并不是敌人，也有可能是亲密的朋友，有可能是自己的亲人、爱人，只要发现有人在某一方面非常优秀，自己也想要达到那个人的标准，都可以将那个人视为对手，以此激励自己。一个善于选择对手的人也善于定位自己的人生，他选择的对手就是他追求的价值。要感谢我们的对手，他们的存在不断地激起我们的斗志、磨砺我们的韧性，使我们的人生更加精彩、更加丰富。

敢于坚持就能获得想要的结果

一位心理学家说，生活真是有趣：如果你只接受最好的，你经常会得到最好的。只要你敢于坚持，往往都能获得自己想要的结果。

有一个人经常出差，但也经常买不到对号入座的车票。可是无论长途短途，无论车上有多挤，他总能找到座位。

他的办法其实很简单，就是耐心地一节车厢一节车厢找过去。这个办法听上去似乎并不高明，但却很管用。每次，他都做好了从第一节车厢走到最后一节车厢的准备，可是每次他都不用走到最后就会发现空位。他说，这是因为像他这样锲而不舍找座位的乘客实在不多。经常是在他落座的车厢里尚余若干座位，而在其他车厢的过道和车厢接头处却人满为患。

他说，大多数乘客轻易就被一两节车厢拥挤的表面现象所迷惑，不去细想在数十次停靠之中，从火车十几个车门上上下下的流动人群中蕴藏着不少提供座位的机遇；即使想到了，他们也没有那一份寻找的耐心。眼前的一块小小立足之地很容易让大多数人满足，为了一两个座位背着行囊挤来挤去有些人也觉得不值。他们还担心万一找不到座位，回头连个好好站着的地方也没有了。与生活中一些安于现状、不思进取、害怕失败的人永远只能滞留在没有成功的起点上一样，这些不愿主动找座位的乘客大多只能在上车时最初的落脚之处一直站到下车。长长的车厢就像是我们的人生旅途，一开始我们都要用自己稚嫩的肩膀去扛起沉甸甸的梦想，在前行的过程中我们承受着一次又一次失败，在实践中我们迷失过、彷徨过，想放弃人生想要到达的终点。可是最终我们没有选择放弃，因为我们知道，生活就是在实践的反反复复中找到方向，没有试过，永远不知道原来生命中还有那么多的可能和希望。于是，我们勇敢着、自信着、执着着，一路风尘地奔向属于自己的未来。

宋代诗人陆游有云："纸上得来终觉浅，绝知此事要躬行。"心理学家分析说，有过一次失败的经历后你会对成功更有把握，失败后对成功的再次冲击将教会你如何调整自己的方法、自己的情绪、自己的目标，使你更加有经验、更加从容地去面对走向成功旅途中的重重困难。

困难会让自己变得更加坚强

我们必须要明白事在人为的道理，很多时候，并不是事情本身有多棘手，而是在我们的潜意识里已经给它贴上了“无能为力”的标签，于是轻易便会缴械投降。

学好英文太难了，在兴冲冲地买了几本书之后，几乎没翻过几页；学游泳太难了，在兴致勃勃地买了一套装备之后，却从没去过泳池；学跳舞太难了，学钢琴太难了……这个世界太难了……细数我们已经走过的人生下过的决心，恐怕要数到时间的尽头。

为什么有些人会抱怨自己的人生有那么多坎坷，而别人却似乎一路顺风顺水，是因为命运的不公吗？事实上，人生路上真正的坎儿都来自于我们内心的恐惧。在一帆风顺的时候，我们害怕未知路途中可能遇到的困难；在步入逆境的时候，我们害怕无法豪发无损地度过低谷期；当雨过天晴的时候，我们又会患得患失，禁不住想做“好了伤疤忘了疼”的事情，又害怕重蹈覆辙。生命就在这样可笑又可气的过程里往复循环，然后，我们就到了开始感慨时间太少、老得太快的年纪。

我们害怕的不是困难本身，我们恐惧的源头是我们对自身懦弱的默认。或许我们不会承认这样的事实，但是我们却一再地印证它。

在生活中，我们总是能够看到这样的案例：两个背景及能力都很相似的人，从同一个起跑线出发，但最终的结局却存在天壤之别。其中一个人是“行动派”，而另一个人是“幻想派”。“行动派”总是雷厉风行，决定要做的事情，无论遇到什么艰难险阻，总是会坚持完成自己的目标。即使遇到让人无比沮丧或失望的情况，也能够及时地排解情绪，不断地尝试去解决问题。而“幻想派”则终日生活在自己的“思维殿堂”，想法很多，行动很少，在想要做一件事的时候，思前想后却迟迟不付诸行动，先把可能遇到的困难设想一遍，然后就吓破了胆，放弃了计划，但却又不敢承认原因就是怕自己无法走到最后。每一件事都要经历如上过程的思考，最终，“幻想派”在自己的胆小鬼思维定式里“溺水而亡”。

我们中的大多数都是幻想派，最擅长找各种各样的借口来搪塞生活，到死也不愿承认自己很懦弱。我们怕自己会放弃，不是一种理性的思考方式，而是一种懦弱的表现。如果我们足够努力，相信自己的能力，是不会被困难打败的。人生的路，无论哪一条都不会一帆风顺，总会有苦难登门拜访，而我们也应知道这个既定的事实。因此，我们害怕失去、害怕失败、害怕心有余而力不足等等，都是自己给自己找的冠冕堂皇的借口，实际上我们只是害怕了，是轻易败给了自己的懦弱。

英国有个女孩在不带任何现金的情况下，5 个月内骑行了 4349 英里。整个行程从厄瓜多尔出发，要途经玻利维亚、秘鲁，穿越亚马逊丛林，翻越安第斯山脉。她的故事在当时引起了很多人的热议。大家都认为女孩是在完成一个不可能完成的任务。在骑行的过程中，女孩遇到过很多困难，自己搭帐篷，自己补胎，烈日暴晒，遇到不太热情的当地居民而得不到食物补给，遭到性骚扰等。整个冒险计划，在很多男性看来都是不可思议的事情，但是一个身无分文的姑娘却勇敢地完成了整个行程。我们对未知的事物、未知的困难，甚至未知的人都会有防备性的恐惧，但是我们未曾发现，恐惧本身源于我们骨子里的懦弱。在想放弃的时候，为什么选择了放弃，而不是再咬咬牙坚持一下？因为我们害怕了、胆怯了，于是轻易放过了自己。

小时候，老师告诉我们，好记性不如烂笔头。一篇看似生涩难懂的古文，在我们对着词典一字一句地翻译之后，再抄个几遍，便能记住主要内容。“眼怕手不怕”，看似无法解决的几何题目，在我们拿起笔认真画图演算之后会被顺利地求解。曾经我们都摇头晃脑地背着古文，聚精会神地求解着几何题，大声地拼出英文单词并背诵，那时，我们不曾害怕，最多只是挠挠头，然后迎难而上。而越是成长，我们却越是懦弱。

困难从来没有我们想像得那么难以克服，情况也没有我们想像得那么糟糕，一切艰难险阻之所以能够打败我们，是因为我们给自己戴上了无形的枷锁。钥匙和地图都在我们手中，但我们从来没有放弃过禁锢自己的念头。复杂思维是人脑最有魅力的地方，而我们却用它来阻挡我们前行的道路。我们可以去预测未知的困难，考虑道路上所有可能出现颠簸甚至是翻车的地方。但是，不能因为前方有块落石就立即掉头。下车搬开它，道路依旧宽阔，微风依旧拂面，依然可以欢快地唱歌。不论是小困难，还是大挫折，即使跌落到黑暗的谷底，也不要首先向自己的懦弱认输。

时钟走着走着，时间就过去了；四季换着换着，一年就过去了；日出日落不断交替，一辈子也许就这么走完了。无论环境如何变迁，都会有生命在大地上绽放，生命本就是坚强、勇敢，奈何我们要让自己败给自己的懦弱。困难是数不完的，我们也从不需要去数清它们，并对每一个都有完全的准备。但是我们要摒弃掉身体中那个懦弱的自己，无论遇到什么样的坎坷，都能够在黑暗的谷底为自己点亮篝火，都能够勇敢地告诉自己往前走，仿佛土壤深处的种子一定要以翠绿的形式钻出大地，沐浴阳光。

直面困难才能战胜困难

不积跬步，何以至千里？不积小流，何以成江海？当困难摆在我们面前，我们不去挑战、不去征服它，如何能够体会什么叫豁然开朗和甘之如饴。

生活是个擅长障眼法的魔术师，当它把困难的任务分配给我们的时候，利用了我们的视觉误差，让我们以为眼前的困难难以克服，从而选择放弃。然而，实际上，当我们完成了曾经以为不可能完成的事情、跨越了曾经以为无法越过的鸿沟、克服了曾经认为无法战胜的困难时才恍然发现，当初的胆战心惊是多么可爱而又可笑。但是，这种过来人的释怀，唯一的条件就是，要行动起来，努力去完成目标、克服困难，否则一切便都是空想。

小叶是个非常喜欢旅游的人，在读书的时候就决定毕业之后一定要从事与旅游相关的职业，做一个优秀的规划师，去看全世界的美景，把最好的路线分享给热爱旅游的人们。毕业之后，小叶毫不迟疑地申请了一个旅游业内数一数二的公司的职位，但是没有通过最终的面试。和很多求职者抱着只是为了找到一份工作的心态不同，小叶没有转而去投其他的公司或者换其他的职业方向，她花了一个月时间收集这家公司和其最大竞争对手之间的数据，并进行对比分析，并就分析结果阐述了自己的构思和想法，包括如何推出新的产品以及如何吸引更多的客户等。她带着这份报告来到该公司，在前台等了两个多小时，终于等到之前的面试官开完会，把这份报告交到对方手中。当天晚上，她就收到了该公司发出的录取通知。

在想要做成一件事的路上遇到了困难和阻碍，就应该开动脑筋去解决问题、克服困难，而不是避重就轻，还没有努力就选择放弃。如果和大多数求职者一样直接选择放弃，或者在几次碰壁之后干脆选择换行业，那么这一生都将在这样的颠沛流离中度过。上帝不会在自身不努力的人为自己关闭一扇门之后，再为其打开一扇窗。于是，这些人永远也无法知道，花费心思和精力去完成一件渴望了很久的事情是一件多么荡气回肠的壮举。而这不仅仅是一次成功，它甚至会成为人生路上能够时刻给自己动力的能量棒，它让我们在遭遇逆境和坎坷的时候从自己的身上看到力量，这种力量的作用远比偶像效应大得多。

人生的可能性是无限的，但是每一种人生都需要我们具备无惧困难的能力。不劳而获是永远都不可取的生活方式。不逼迫自己一把，去做以为做不了的事情，怎么会知道自己有多优秀；不逼迫自己一把，征服以为无法完成的目标，怎么会知道生活中的困难其实都很渺小。水滴石穿的道理所有人都明白，但是很多人却无法对自己下狠心，总觉得苦难太可怕、人生太艰难，在最该奋斗的时候却选择了安逸和懒惰。

8 岁男孩捐骨髓救父亲的新闻感动了很多人。父亲突然罹患白血病，只有男孩和父亲配型成功，但是由于年纪小、体重偏轻，他达不到手术的标准。当男孩知道自己是父亲活下来的唯一希望之后，开始加大食量和运动量，不断地抽血化验并没有让他害怕，救父亲是他唯一的愿望。终于，两个月之后，手术顺利进行，父亲得救了。

家中的顶梁柱倒下，对整个家庭来说都是巨大的打击，更何况是 8 岁的孩子。但是，男孩面对生命里巨大变故的勇敢和乐观令人惊叹。虽然生活中的很多困难并没有达到涉及生死的程度，但这并不代表我们可以随意向困难妥协。如果连小问题都无法解决，拿什么面对涉及生死的考验？如果连小风小浪都经不起，该如何面对生命里突如其来的暴风雨？别让妥协、放弃、懦弱成为生命的关键词，不经历狂风暴雨的洗礼，如何能真心感叹彩虹的绚烂。

我们能够快进电影、快进歌曲、快进很多事情，但是我们无法快进人生。该遇到的困难和考验，一个也逃不掉；该吃的苦，一点也不能少吃，这就是生命的魅力。耐得住寂寞方能看得更远，经得住打击方能走得更远。既然是人生必经的路程，既然生命中还有更多的困难在等待我们，何不从现在开始拥抱这一切。虽然有时候逆境让人暴躁、让人绝望，但是如果不从这浑水中灰头土脸地蹚一遭，如何能够在回望来路时有底气为自己感到骄傲。

食物好不好吃，吃过才知道；美景好不好看，看过才知道；爱情是苦还是甜，爱过才知道；苦难是否难以克服，努力过才知道……很多事情，看过、听过都足以让我们真正明白其中的道理，如同成长和老去是必经之路，只有自己亲身经历过才会明白其中的甘苦。

逆光有阴影，只有面朝太阳才能沐浴阳光。逃避问题，只会让问题变得更糟糕，只有直面困难、迎难而上，才有可能战胜困难。而只有靠自己的力量终结困难，才能在回望时发现曾经以为的绝望不过是自己懦弱，曾经以为无法度过的逆境竟如此渺小。只是听过很多道理，当然过不好这一生，只有摸爬滚打的人生才能熠熠生辉。

不要被困难打垮

没有人注定不幸，你绝对不比其他人更不幸。不要因为没有鞋子而哭泣，看看那些没有脚的人吧！绝对不要把自己想像成最不幸的人，否则，你就真正成了最不幸的人。

据说，世界上只有两种动物能达到金字塔顶：一种是老鹰，还有一种就是蜗牛。

老鹰和蜗牛，它们是如此不同：鹰矫健凶狠，蜗牛弱小迟钝。鹰性情残忍，捕食猎物甚至吃掉同类从不迟疑。蜗牛善良，从不伤害任何生命。鹰有一对飞翔的翅膀，而蜗牛则背着一个厚重的壳。它们从出生就注定了一个在天空翱翔、一个在地上爬行，是完全不同的动物，唯一相同的是它们都能到达金字塔顶。

鹰能到达金字塔顶，要归功于它有一双善飞的翅膀。也因为这双翅膀，鹰成为了最凶猛、生命力最强的动物之一。与鹰不同，蜗牛能到达金字塔顶，主观上是靠它永不停息的执着精神。虽然爬行极其缓慢，但是每天坚持不懈，蜗牛总能登上金字塔顶。

我们中间的大多数人都是蜗牛，只有一小部分能拥有优秀的先天条件而成为鹰，但是先天的不足并不能成为自暴自弃的理由。因为，没有人注定命中不幸。要知道，在攀登的过程中，蜗牛的壳和鹰的翅膀起的是同样的作用。可惜，在生活中，大多数人只羡慕鹰的翅膀，却很少在意蜗牛的壳。所以，我们处于人生低谷时无须心情浮躁，更不应该抱怨颓废，而应该静下心来，学习蜗牛，每天进步一点点，总有一天，你也能登上成功的金字塔。

高尔基早年生活十分艰苦，3 岁丧父，母亲早早改嫁。在外祖父家，他遭受了很大的折磨。外祖父是一个贪婪、残暴的老头儿，他把对女婿的仇恨统统发泄到高尔基身上，动不动就责骂毒打他。更可恶的是，他那两个舅舅经常侮辱这个幼小的外甥，使高尔基在心灵上过早地领略了人间的丑恶。只有慈爱的外祖母是高尔基唯一的保护人，她真诚地爱着这个可怜的小外孙，每当他遭到毒打时，外祖母总是搂着他一起流泪。

高尔基在《童年》中叙述了他苦难的童年生活。在 19 岁那年，高尔基突然得到一个消息：他最为慈爱的、唯一的亲人外祖母，在乞讨时跌断了双腿，因无钱医治，伤口长满了蛆虫，最后惨死在荒郊野外。

外祖母是高尔基在人世间唯一的安慰。这位老人劳苦一辈子，受尽了屈辱和不幸，最后竟这样惨死。这个噩耗几乎把高尔基击懵了。他不由得放声痛哭，几天都茶饭不进。每到夜晚，他都会独自坐在教堂的广场上呜咽流泪，为不幸的外祖母祈祷。1887 年 12 月 12 日，高尔基觉得活在人间已没有什么意义。这个悲伤到极点的青年，从市场上买了一支旧手枪，对着自己的胸膛开了一枪。但是，他还是被医生救活了。后来，他终于战胜了各种各样的灾难，成为世界著名的大文豪。

你要明白，没有人命定不幸。你的困难、挫折、失败，其他人同样可能遇到，而其他人遇到的更大的困难、挫折、失败你却没有遇到，你绝对不比其他人更不幸。要知道，没有什么困难能够打垮你，唯一能够打垮你的就是你自己，也源于你把自己看作是最不幸的人。

许多人常常把自己看作是最不幸的、最苦的人，实际上许多人经历过的苦难比你还要大得多、苦得多，大小苦难都是生活所必须经历的。苦难再大也不能丧失生活的信心与勇气。与许多伟大的人物所遭受的苦难相比，我们个人遭到的困难又算得了什么？名人之所以成为名人，大都是由于他们在人生的道路上能够承受住一般人所无法承受的种种磨难。他们面对事业上的不顺、情场上的失意、身体上的疾病、家庭生活中的困苦与不幸，以及各种心怀恶意的小人的诽谤与陷害，没有沮丧，没有退缩，而是咬紧牙关，擦净那饱受创伤的心中流出的殷红鲜血和悲愤的泪水，奋力抗争，不懈地拼搏，用自己惊人的毅力和不屈的奋斗精神，为人类的文明和社会的进步做出了卓越贡献，从而成为风靡世界的名人。

人生需要的不是抱怨、自怜，而是扎扎实实、艰苦地奋斗。人是为幸福而活着的，为了幸福，苦难是完全可以接受的。

人生的苦难与幸福是分不开的。人类的幸福是人类通过长期不懈的努力而逐步得到的，这其中要经历各种苦难，这正像人们常讲的，幸福是由血汗造就的。有些人太单纯、太简单了，他们只要幸福而不要苦难。切记，拒绝苦难的人，就不可能拥有幸福。

第十章

把握机遇，向着自己的目标奋斗

天下没有免费的午餐，机遇总是偏爱那些有准备的人。这两句话并不矛盾，所有的机会都是公平的，但并不表示所有人把握机会的概率是相同的，有准备的人自然是概率大很多。

我们应当随时为机遇做好热身，努力向着自己的目标奋斗。为目标准备，才能够在机会来临的时候大显身手，否则在机会来临的时候自己先手忙脚乱或者不知所措，就只能让机会白白地从身边溜走。人不能躺在那里等待机遇，只有事先做好充分的准备，在机遇来临时才有可能抓住机遇，获得成功。

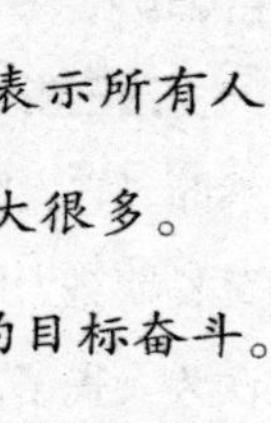

机遇只偏爱有准备的头脑

在西方流传着这样一个故事：

许多年前，一位聪明的国王召集了一群聪明的臣子，给了他们一个任务："我要你们编一本各时代的智慧录，好流传给子孙。"这些聪明人离开国王后，工作了很长一段时间，最后完成了一部十二卷的巨著。

国王看了以后说："各位先生，我确信这是各时代的智慧结晶，然而，它太厚了，我怕人们不会读，把它浓缩一下吧。"这些聪明人又长期努力地工作，几经删减之后，完成了一卷书。然而，国王还是认为太长了，又命令他们再浓缩。这些聪明人把一卷书浓缩为一章，又浓缩为一页，然后减为一段，最后变成了一句话。

国王看到这句话后，显得很得意。"各位先生，"他说，"这真是各时代智慧的结晶，并且各地的人一旦知道了这个真理，我们大部分的问题就可以解决了。"

这句话就是："天下没有白吃的午餐。"

第一个进入太空的中国人杨利伟为什么那么幸运？听听他的独白我们就能明白："现在我一闭上眼睛，座舱里所有仪表、电门的位置都能想得清清楚楚；随便说出舱里的一个设备名称，我马上可以想到它的颜色、位置、作用；操作时要求看的操作手册，我都能背诵下来，如果遇到特殊情况，我不看手册，也完全能处理好。"如果不是经过魔鬼训练的重重考验，他怎么能在众多的后备人选中把握住这个机会呢？

我们中国人做事讲究“天时、地利、人和”，充分的准备用现在的话来说，不外乎这些因素：

1. 创新意识

机遇是意外的、异常的，因而用常规方法抓住机遇是很困难的，这就需要有创新意识，能不断寻求新的对策和方法。

2. 判断力

在人们发现的机遇中，并不是每一个意外情况都有价值、都值得探索、都有成功的希望。这就需要准确判断，从各种机遇中抓住有希望的线索，抓住有价值、有潜在意义的线索。这一点对于确定是否进一步探究机遇所提供的线索有着决定性意义。

3. 观察力

具有了敏锐的观察力，才能及时捕捉到看起来微不足道的偶然事件。

4. 事业心

只有将自己的思想和行动与事业紧密相连的人，才有可能把机遇与发展事业、搞好工作联系起来，为了事业而刻意求索。头脑的准备，不仅是心理、意识的准备，而且还包括经验和知识的准备。因为处理机遇很难像一般事务那样有计划、有目的、有步骤，主要是凭借自身的经验、知识的积累进行决策，因此你必须要有丰富的经验、渊博的知识与合理的知识结构，这样，当机遇出现时才能触类旁通，引起注意，努力思考，做出判断。

现代社会的竞争日趋激烈，一个机遇往往会被几个人同时捕捉。在这种情况下，究竟谁能把捕捉到的机遇利用起来，就要取决于实力的对比和竞争了。要取得随机决策的成功，机会和实力两个条件缺一不可。“机遇只偏爱有准备的头脑”，这是一句早为人们所熟稔的名言，其中所包含的朴素真理一次次为实践所证实。要想牢牢抓住机遇，就为机遇的来临做好准备吧。

主动给幸福创造机会

人活一世，总有那么多的事情让我们感叹：命运是如此不公平。

运气，当我们面对人生的失意，当我们看到别人的成功和自己的平凡时，我们常常习惯性地把原因归于这两个字。

可是你有没有看到，那个曾经考试成绩总不如你的同窗最终考入了名牌大学，那个曾经找不到工作的人最终创业成功，那个曾经低声下气向你借钱的朋友最终获得成功……

运气，也许从来就没有绝对的运气。

因为，好运气能“制造”。

心态有时会决定人的命运，积极的心态就是转运的阳光。它会让你看到生活的另一面正阳光灿烂，而激发自身内在的积极力量和优秀品质，最大限度地挖掘自己的潜力，事情就会向着有利于我们的方向发展。

电影《倒霉爱神》恰恰为我们展示了这个事实。

女主人艾什莉好比上天的宠儿，始终受着生活的眷顾：随便买一张彩票就能够中头奖；在繁忙的纽约街头想要搭计程车，很快就有好几辆车向她驶来；毕业后不费周章就在一家知名的公司做了项目经理。她的生活和工作可谓是一路畅通，惬意而幸运得让人忌妒。

而男主人杰克则好比是世上的天煞霉星，有他出现的地方就有霉运：医院、警察局、中毒急救中心，是他经常光顾的地方；新买的裤子看上去好好的，可一穿就断线；工作上他更没有艾什莉那么幸运了，他不过是一家保龄球馆的厕所清洁员。

看到影片中这些零碎的片段时，众人不禁哑然失笑，但也会感慨：同样是人，怎么差别这么大？有人就是幸运，有人就是倒霉！其实，这不是运气的问题，而是心态在发挥作用。对于艾什莉来说，她的内心充满着阳光和自信，她所做的一切都在朝着最好的方向努力，这样积极的生活态度自然让她享受到了惬意而美好的生活。反观杰克，他时时刻刻担心着厄运发生，注意力都放在了倒霉的事情上，似乎他人生的唯一目的就是避免倒霉事的发生。这样毫无阳光的心态，自然将自己置于了倒霉的阴云之下。

美国企业家理查·狄维士也曾告诫我们说：“人们需要保持着内心积极的力量，从始至终，永不放弃。特别是在人生中不如意、不顺心、不快乐的阶段，更是需要拥有充足的心灵资源来支撑度过。”

因此，等待运气不如创造运气。在面对人生中不可避免的苦境和不幸时，不要一味地沉浸在内心的阴暗和痛苦中。只要我们始终以乐观、向上、积极的态度面对人生，人生自然也会向我们露出笑脸。正如歌中唱的：“只要踮起脚尖，就更靠近阳光。”

李琳出生在一个条件很好的家庭，父亲是外科医生，母亲在著名大学任教。她的家庭对于她接受教育、追求理想来说可以提供很大的帮助和支持。李琳从小就相信自己会拥有比父母更成功的事业，会让所有人都记住她的名字。上中学时，她就开始梦想成为一名模特，她个子很高，相信自己只要能瘦下来就一定可以成为一名优秀的模特。

可是她为梦想做了什么呢？什么都没有。她每次下定决心减肥，总是禁不住零食的诱惑，有时候好不容易坚持节食了一个月，开始有了效果，却因为和朋友出去聚餐而从此前功尽弃。如今已经30岁的李琳常常哀叹自己运气不好，没有成为模特的命。

而另一个叫刘梅的女孩却实现了李琳的梦想。小时候的刘梅是一个小胖妞，常常因为胖而受到同学的嘲笑甚至是欺负。为了改变这样的境况，刘梅戒掉了自己最喜欢的汉堡和比萨，并办了张健身房的会员卡。之后整整两年，无论朋友吃着怎样的美食，刘梅都是吃着精心搭配分量的蔬菜、肉类和碳水化合物；无论学习有多么忙碌，每天都要腾出一个小时锻炼身体。

这样的日子无疑是枯燥而辛苦的，然而就是靠着这样的生活，当初的小胖妞变成了有着健美身材的美丽女孩，并在刚刚进入大学时就被校礼仪队选中，最终在毕业后成为了一名职业模特。

有句话说得好："命运不济是失败者的借口。"如果一个人总是认定别人能够成功全是因为幸运女神的垂青，却看不到自身努力的作用，这样的人除了一味地怨天尤人外什么都不会，又怎么可能收获自己人生的成功呢？

运气不是与生俱来的，而是由人生的一举一动、一砖一瓦构筑出来的。一个从不努力的人，自然不会得到丰收的运气；一个总是怨天尤人的人，自然不会得到乐观的运气；一个永远不敢尝试新鲜事物的人，自然不会得到打破陈规、创新天地的运气。

著名剧作家萧伯纳曾说过一句非常富有哲理的话："人们总是把自己的现状归咎于运气，而我则不相信运气。我认为，凡出人头地的人，都是自己主动去寻找自己所追求目标的运气；如果找不到，他们就去创造运气。"所以，当我们苦苦等待却依然没有遇到幸福的机会的时候，何不主动给幸福制造一个机会呢？

用微笑去寻找新的机遇

每个人都希望自己的人生可以一帆风顺，希望可以得到幸运女神长久的垂青。可是究竟如何才能将运气抓在手中呢，最简单的答案就是：保持微笑。

是的，微笑能给人带来幸运。当不幸发生时，所有人都在哭泣，而那个不把时间浪费在痛苦上，而是微笑着积极处理危机的人，便能最先告别不幸；当陷入绝境时，其他人都唉声叹气追悔莫及，而那个不沉浸在后悔情绪中，而是微笑着寻找新的可能和机遇的人，便能最先走出绝境；当疲惫失落时，所有人都意志消沉垂头丧气，而那个不被消极情绪打败，微笑着着手整理自己人生的人，便能最先迎接阳光。

其实，运气很多时候只是摆在我们人生面前的一面镜子，当我们冲它笑的时候，它就对我们报以笑容；当我们冲它愁眉苦脸的时候，它也只能还我们以愁云惨淡。

华丽丝出生在索马里的沙漠，机缘巧合之下，随索马里驻英国大使夫妇来到位于英国的索马里大使馆当起了女佣。那时的她只会说一两句从电视上听来的英语，除了打扫卫生之外什么都不会。

后来索马里爆发战争，旧政府被推翻，大使馆也不再具有合法性。华丽丝流落在英国街头，既没有合法身份，语言也不通。她好不容易找到了一份在快餐店清洁的工作，每天从早到晚地忙碌着。

华丽丝的英语并不足以和别人进行日常沟通，但是她习惯以大使馆女佣的周全礼仪向每一个客人露出诚恳的微笑。

这一天是华丽丝的幸运日，一位客人在快餐店用餐时看到了她的笑容，便将自己的名片交到了她手中。而这个男人就是伦敦首屈一指的时尚摄影师，很多明星和模特都以能同这位摄影师合作为荣。经过数日的犹豫之后，华丽丝最终按照名片上的地址敲开了摄影师的大门，也第一次做起了不需要拿着扫帚和簸箕的工作。

就这样，华丽丝从清洁女工一跃变成了时尚界的新宠，成为了世界上最炙手可热的名模之一。除此之外，那个曾经连英语都不会说的女孩，如今作为联合国的雇员在世界各地奔走演说，为改善非洲女性的生存状态贡献着自己的力量。

在华丽丝讲起自己的经历时，常常有人感叹她实在是太幸运了。可是仔细想想，相比于这个世界上的绝大多数人，出生在索马里战乱的沙漠里是件多么不幸的事情。华丽丝并不是上天的宠儿，她的幸运来自于她的笑容和积极的生活态度。在伦敦，比这个非洲女孩更加漂亮、更加时尚、更加有明星气质的人太多太多了。而华丽丝比他们幸运的地方，只是在于她会向每一个人露出诚恳的微笑，而最终幸运之神也对她报以微笑。

没有人会喜欢一个总是责问自己“为什么不对我更好一点”的人，但是没有人不会对一个善意的微笑而心存善念。微笑改变的是每一个收到笑容的人的心情，而就在这样的过程中，身边的世界也就随着变得充满善意，幸运也会随之降临。

杨宁是一名普通女公交司机，在 2008 年由某报社主办的青春榜样评选活动中，这个普通的女孩脱颖而出。而她入榜缘由一栏的四个词中，第一个就是“微笑”。

杨宁永远微笑着对待每一位乘客，常常有腿脚不便的老人乘车，她微笑着耐心等待老人找到位置坐好；乘客来问路，她永远微笑着耐心回答；她还在车上准备了市区地图、小药箱等，遇到需要的乘客，她也永远微笑着将东西递上。

杨宁说："我始终没有觉得自己比同事们付出得更多，能幸运地得到这样的荣誉不过是因为我爱笑。"微笑，不仅传达出了杨宁的善良，也为她迎来了幸运女神的垂青。

微笑是这个世界上最美丽、最有力量的语言。它将我们的心和别人的心用嘴角温柔的弧线连接起来。由此，让我们不再是广大世界中小小的孤家寡人，而成为世界上不可或缺的一员。

就像天上不会掉馅饼，幸运从来都不是凭空掉下来的。只有那些愿意首先向幸运女神报以微笑的人，才会得到幸运女神微笑的回馈。

变“危机”为“良机”

并不是每一个机会都是带着桂冠来到我们身边的，有些机遇往往披着危险的面罩，然而很多只看表面的人却望而却步。那些善于思考的人，往往能变“危机”为“良机”。

据有关媒体报道，2009 年，经济危机的影响全面来临。与 1873 年、1929 年的经济危机不同的是，1873 年只是美国国内的经济危机，1929 年则是西方国家的经济危机，而 2009 年则是全球性的经济危机。

危机来临，股票狂跌、市场疲软、无数企业倒闭、工人失业、大学生就业困难，人们的生活陷入了混乱之中。但是，当危机肆虐的时候，难道我们就没有应对它的法宝了吗？答案是否定的。

从“危机”一词的组合中我们可以看出：危险中往往蕴藏着新的机会。那些善于思考的人，往往能变“危机”为“良机”。这里有三个故事，也许会给今天面临金融危机的我们一些启发——

第一个故事：

从前有一座名城最繁华的街市失火，火势迅猛蔓延，数以万计的房屋商铺在一片火海之中顷刻之间便化为废墟。有一位富商苦心经营了大半生的几间当铺和珠宝店，也恰在那个闹市中。火势越来越猛，他大半辈子的心血眼看着就要毁于一旦，但是他并没有让伙计和奴仆冲进火海，舍命抢救珠宝财物，而是不慌不忙地指挥他们迅速撤离，一副听天由命的神态，令众人大惑不解。然后，他不动声色地派人从家乡河流的沿岸平价购回了大量木材、石灰。当这些材料像小山一样堆起来的时候，他又归于沉寂，整天逍遥自在，好像失火压根儿与他毫不相干。

大火烧了数十日之后被扑灭了，但是曾经车水马龙的城市，大半个城已经是墙倒房塌、一片狼藉。不几日，宫廷颁旨：重建这座城市，凡销售建筑用材者一律免税。于是，城内一时间大兴土木，建筑用材供不应求，价格陡涨。这个商人趁机抛售建材，获利颇丰，其数额要远远大于被火灾焚毁的财产估值。

第二个故事：

有位经营肉食品的老板在报纸上看到这样一则毫不起眼的消息：墨西哥发生类似瘟的流行病。他立即想到墨西哥瘟疫一旦流行起来，一定会传到美国，而与墨西哥相邻的两个州是美国肉食品的主要供应基地。

如果发生瘟疫，肉类食品供应必然紧张，肉价定会飞涨。于是，他先派人去墨西哥探得情况后，立即调集大量资金购买大批菜牛和肉猪饲养起来。过了不久，墨西哥的瘟疫果然传到了美国这两个州，市场上的肉价立即飞涨。时机成熟了，他大量售出菜牛和肉猪，净赚了百万美元。

第三个故事：

19 世纪美国加州发现金矿的消息使得数百万人涌向那里淘金，17 岁的小女孩雅木尔也加入了这个行列。一时间，加州的淘金者面临着水源奇缺的威胁。人们大多数都没有淘到金，小雅木尔也未淘到金。可细心的小雅木尔却发现，远处的山上有水。她在山脚下挖开引渠，积水成塘，然后将水装进小桶里，每天跑几十里路卖水，不再去淘金，而是做起了没有成本的买卖，虽然生意极好，可淘金者当中却有不少人嘲笑她。许多年过去了，大部分淘金者空手而归，而雅木尔却获得了 6700 万美元，成为了当时很富有的人。

任何危机都蕴藏着新的机会，这是一条颠扑不破的人生真理。很多时候，看起来毫无价值的信息，在会思考的人心中就是一个好机会。受苦的人会把不幸当成人生的痛苦，而积极向上的人却总是能把苦难当成自己飞得更高的财富。

随时为机遇做好热身

许多人坐等机会，希望好运从天而降，这些人往往难成大事。成功者会积极准备，一旦机会降临，便能牢牢地把握。机遇对于每个人来说，没有彩排，只有直播，如果你没有把握住的话，只能等着机遇流失。

当机遇到来时，如果你没有提前为机会做好准备，就会将它习惯性地丢掉，与其失之交臂。这样说来，其实生活中不是机遇少，只是我们对机遇视而不见。

这就和许多发明创造一样，看起来是偶然，其实那些发现和发明并非偶然得来的，更不是什么灵机一动或运气极佳。事实上，在大多数情形下，这些在常人看来纯属偶然的事件，不过是从事该项研究的人长期苦思冥想的结果。

人们常常会引用苹果砸在牛顿的脑袋上，导致他发现万有引力定律这一例子，以说明纯粹偶然的事件在发现中的巨大作用。但人们却忽视了，多年来，牛顿一直在为重力问题苦苦思索、研究这一现象的艰辛过程。苹果落地这一常见的日常生活现象，之所以为常人所不在意而能激起牛顿对重力问题的理解，能激起他灵感的火花并进一步做出异常深刻的解释，这是因为牛顿对重力问题有着深刻理解的结果，并不是单纯依赖于偶然。在生活中，有成千上万只果子从树上掉下来，却很少有人能像牛顿那样引发出深刻的定律出来。

同样，从普通烟斗里冒出来的五光十色像肥皂泡一样的小泡泡，这在常人眼里就跟空气一样普通，但正是这一现象使杨格博士创立了著名的光干扰原理，并由此发现了光衍射现象。

人们总认为伟大的发明家总是论及一些十分伟大的事件或奥秘，而其实像牛顿和杨格以及其他许多科学家，他们都是在研究一些极为普通的现象。他们的过人之处在于能从这些人所共见的普遍现象中揭示其内在的、本质性的联系，而这些都是凭着他们的全力以赴钻研得来的。只有这样为机遇做好了充分的准备，才能发现机遇，进而更好地抓住机遇。

所罗门说过："智者的眼睛长在头上，而愚者的眼睛是长在脊背上的。"心灵比眼睛看到的东西更多。有些人走上成功之路，不乏来自于偶然的机遇。然而就他们本身来说，确实具备了获得成功机遇的才能，所以在机遇到来时才能够准确抓住。

好运气更偏爱那些努力工作的人。没有充分的准备、流出大量的汗水，机会就会眼睁睁地从身边溜走。对于机遇，它意味着需要你忍受无法忍受的艰苦和穷困，以及献身工作的漫漫长夜。只有为所从事的工作有充分的准备时，机会才会来临。

拿破仑·希尔说过，任何人只要能够定下一个明确的目标，坚守这个目标，并时时刻刻把这个目标记在心中，再坚持行动，那么，必然会获得意想不到的结果。

在日常生活中，常常会发生各种各样的事情，有些事使人大吃一惊，有些事却毫无惊人之处。一般而言，使人大吃一惊的事会使人倍加关注，而平淡无奇的事往往不被人所注意，但它却可能包含着重要的意义。一个有着敏锐洞察力的人，他会独具慧眼，留心周围小事的重要意义。人们也不能把目光完全局限于"小事"上，而是要"小中见大""见微知著"。只有这样，才能有更多发现机遇的机会。

我们应当随时为机遇做好热身，努力向着自己的目标奋斗。为目标准备，才能够在机会来临的时候大显身手，否则在机会来临的时候自己手忙脚乱或者不知所措，就只能让机会白白地从身边溜走。人不能躺在那里等待机遇，只有事先做好充分的准备，在机遇来临时才有可能抓住机遇，获得成功。

犹豫会失去成功的机遇

令人筋疲力尽的并不是要做的事情本身，而是事前事后患得患失的心态。一个失败者的最大特征就是顾虑再三，犹豫不决。

伟大的作家雨果说过："最擅长偷时间的小偷就是迟疑，它还会偷去你口袋中的金钱和成功。"虽然我们没有百分之百的把握保证每一次决定都能获得成功，但现实的情况就是等待不如决断。所以，在机会转瞬即逝的当代社会，等待就意味着"放弃"，成功者宁愿"立即失败"，也不愿犹豫不决。SAP 公司的 CEO 普拉特纳曾经说过这样一句话："我宁可做 6 个正确决定和 4 个错误决定，也不要犹豫等待。"

所以，获得成功的最好办法就是迅速做出该怎么做一件事的决定。排除一切干扰因素，而且一旦做出决定，就不要再继续犹豫不决，以免我们的决定受到影响。有时候，犹豫就意味着失去。

所以，面对选择，一定要迅速做出决断，哪怕做出错误的选择也好过犹犹豫豫。因为，机会一旦错过了，是不会再有的。

人生的道路上，许多机会都是转瞬即逝的。机会不会等人，如果犹豫不决，便很可能会失去很多成功的机遇。

犹豫拖延的人没有必胜的信念，也不会有人信任他们。而果断积极的人就不一样了，他们是世界的主宰。放眼古今中外，能成大事者都是当机立断之人，他们会快速做出决定，并迅速执行。

在确定圣彼得堡和莫斯科之间的铁路线时，总工程师尼古拉斯拿出了一把尺子，在起点和终点之间画了一条直线，然后用不容辩驳的语气斩钉截铁地宣布：“你们必须这样铺设铁路。”于是，铁路线就这样确定了。

综观历史，成功者比别人果断，比别人迅速，较别人敢于冒险。因此，能把握更多的机会，所以往往会成为成功者。实际上，一个人如果总是优柔寡断、犹豫不决，或者总在毫无意义地思考自己的选择，一旦有了新的情况就轻易改变自己的决定，这样的人成就不了任何事业，只能羡慕别人的成功，在后悔中度过一生。

没有机会就去创造机会

多数的成功都离不开机遇的功劳。一次机遇，往往是一个人成功的开始。因此，善于成事者总是时刻准备好与机会“较劲”。我们知道，没有人会主动给你送来机遇，机遇也不会主动来到你的身边，只有你自己去主动争取。成大事者要善于这样做：有机会，抓机会；没有机会，创造机会。

常有人发出如此感慨：“如果给我一个机会，我也能……”他们把自己的命运系在一个等来的机会上，他们当然总也不会成功，他们可能至今仍在抱怨自己的命运，或者仍在苦苦等待机会。

实际上，生活并不缺少机遇，而是缺少发现机遇和抓住机遇的素质。如果有了很高的素质，即使生活中没有机遇，也能创造出机遇来。

许多拳击爱好者都看过泰森与霍利菲尔德那场拳击争霸战。其中，泰森咬霍利菲尔德耳朵的场面许多人看过去就算了，最多把它作为茶余饭后的谈资而已，谁能意识到这是一个发财的良机呢？你没有想到，不等于别人没有想到，美国的一个巧克力商人在泰森咬耳丑闻发生之后，立即推出了一种形状像耳朵的巧克力，上面缺了一个小角，象征着被泰森狠咬的霍利菲尔德的耳朵，巧克力的包装上还有霍利菲尔德的大照。

此举立刻使这个牌子的巧克力备受世人关注，在诸多品牌的巧克力中脱颖而出。这个巧克力商人就这样一举发了大财。泰森咬耳丑闻，全世界十几亿甚至几十亿人都知道，但是抓住这个发财良机的却只有这个美国商人。

抓住机遇，前提之一是必须发现机遇。生活中处处充满机遇，社会上的每一项活动、报刊上的每一篇文章、人际中的每一次交往、生活中的每一次转折、工作上的每一次得失等等，都可能给你带来新的感受、新的信息、新的朋友，全都可能是一次选择、一次机遇、一次引导你走向成大事的契机，问题在于你自身的素质，在于你是否能发现每一次机遇。不要以为机遇难寻，其实机遇就在我们每个人身边，甚至就在我们手中。

现在，先停止抱怨你没有机会，仔细看看你周围到底有没有机遇。如果你发现不了，你还想成大事，那么你就要为它创造条件，让它出现。

美国克苏尔公司总裁查理在被问及是什么导致有机会成大事时这样回答："在大学读书期间，我与一个从衣阿华州来的同学同住一间寝室。一天晚上，当我们一伙人团团围坐谈论生活时，他走了进来。我敢说他很兴奋，但是在大家离开前他没说什么。人们刚走，他就禁不住脱口而出：'我家发财了！我的母亲今晚打电话给我，说今天早晨她去信箱取邮件时，发现了一张票额 89000 美元的支票"

"最初的惊奇之后，我的反应是难以掩饰的嫉妒。我向他了解了事情的全部经过。他说：'我了解得也不够确切，但是我猜测是这么一回事：我父亲在 20 世纪 30 年代经济萧条时买了一些股票，后来全忘了。最近这家公司正好拍卖了，这钱应该就是他的份子。'"

"那个晚上我躺在床上，许久都睡不着，在想：为什么这事发生在他家里，而不是我家里？为什么是他得到了钱而不是我得到了钱？最后，我试图系统地分析这件事。我想：在我的生活中有什么机会可能给我带来这样一笔横财呢？我悲哀地意识到什么机遇也没有。我没有能增值的股票，而且，据我所知，我家也没有。我既没有一块或许会突然发现储藏石油的土地，也没有可能被证明是名作的藏画；我也没有什么才能可以让伯乐在一个夜晚奇迹般地发现，从而一举成名；我还没有任何能使自己马上发迹的东西。

“躺在床上，我默默地告诫自己：‘查理，假如你希望在自己的生活中也获得那样的机遇，你必须播种，而且最好多播种，因为你尚不清楚哪一粒种子会发芽。’从那以后，我一直都在播种。有几粒种子已发芽了，因此我才有今天这样的境况。”

像查理这样的人才是与机遇较劲的计划者。他们通过播种，在自己的生活中抓住了成大事的机会。俗话说，“种瓜得瓜，种豆得豆”“一分耕耘，一分收获”，如果你想体味收获的惊喜，那么不要徒羡别人的运气，以后你想得到什么，现在就开始为将来的收获播种吧。

与其临渊羡鱼，不如退而结网，羡慕别人只会徒劳伤神。与其这样，还不如积极投身进去，成为一个“打鱼者”，那样至少有机会成为成功者。